ESMERALDA QUISPE CLAVIJO
NAYSHA SHARON VILLANUEVA ALVARO
PEGGY GRISELDA COA SERRANO

# ACEITE DE MATICO Y EXTRACTO DE AJO SOBRE Cándida albicans

**ESMERALDA QUISPE CLAVIJO**
**NAYSHA SHARON VILLANUEVA ALVARO**
**PEGGY GRISELDA COA SERRANO**

# ACEITE DE MATICO Y EXTRACTO DE AJO SOBRE Cándida albicans

Uso de plantas antifúngicas sobre Cándida albicans

**Editorial Académica Española**

**Imprint**
Any brand names and product names mentioned in this book are subject to trademark, brand or patent protection and are trademarks or registered trademarks of their respective holders. The use of brand names, product names, common names, trade names, product descriptions etc. even without a particular marking in this work is in no way to be construed to mean that such names may be regarded as unrestricted in respect of trademark and brand protection legislation and could thus be used by anyone.

Cover image: www.ingimage.com

Publisher:
Editorial Académica Española
is a trademark of
Dodo Books Indian Ocean Ltd. and OmniScriptum S.R.L publishing group

120 High Road, East Finchley, London, N2 9ED, United Kingdom
Str. Armeneasca 28/1, office 1, Chisinau MD-2012, Republic of Moldova, Europe
Printed at: see last page
**ISBN: 978-613-9-44129-7**

Esmeralda Quispe Clavijo
Naysha Sharon Villanueva Alvaro
Peggy Griselda coa serrano

# ACEITE DE MATICO Y EXTRACTO DE AJO SOBRE *Cándida albicans.*

### *Uso de plantas antifúngicas sobre Cándida albicans.*

# INDICE GENERAL

# INTRODUCCIÓN

El matico es una planta cosmopolita de la familia de la pimienta, que crece en la costa, selva alta, selva baja y en los valles interandinos de la sierra. El ajo es un tubérculo más conocido como un condimento para las comidas. Pero a través de los años, ambas plantas se han usado en medicina(Gupta et al., 1990). La medicina herbal, trata de buscar alternativas de solución a enfermedades, con productos económicos y prácticos. (López Luengo, 2007)Este estudio puede ayudar a profundizar nuestra comprensión de los mecanismos de acción antifúngica de los compuestos presentes en el aceite esencial de piper aduncum y el extracto de ajo. Al comparar su eficacia contra Candida albicans, se pueden identificar los compuestos específicos responsables de la inhibición del crecimiento fúngico y los posibles mecanismos subyacentes, lo que puede llevar a nuevos enfoques terapéuticos.Al demostrar la efectividad de estos productos naturales, se puede ampliar el arsenal terapéutico disponible para combatir infecciones fúngicas, ofreciendo alternativas a los tratamientos convencionales.Dentro de la búsqueda de nuevos tratamientos de candidiasis oral, se hallaron investigaciones de Ruiz J.(2013), Lora J.(2013)en plantas como el matico y ajo, con resultados muy promisorios (Ruiz J. 2013, Lora C. y cols 2010). Es así que surge como alternativa el aceite esencial de Piper aduncum(matico)  y extracto puro de Allium sativum(ajo), que según estudios realizados en Ecuador (Loja y Riobamba), Costa Rica, México y Guatemala, confirman la experimentación  de posibles propiedades antifúngicas de estas plantas (López Luengo, 2007; Lora Cahuas et al., 2010; Ruiz Quiroz, 2013). de origen y condición climática distinta a nuestra región Puno, lo que conlleva al objetivo de nuestra investigación que es comparar el efecto antifúngico de ambas plantas medicinales ajo y matico sobre cepas de Cándida albicans, siendo estas extraídas desde distintos pisos altitudinales del Perú.Este estudio puede ayudar a proporcionar datos sobre la toxicidad y la dosis efectiva de piper aduncum y ajo contra Candida albicans, sino que también abre nuevas vías de investigación y desarrollo en el campo de la fitoterapia y la microbiología médica.MATERIAL Y MÉTODOS Diseño Del Estudio El presente trabajo de investigación es de tipo experimental y longitudinal prospectivo.

# CAPITULO I

## PROBLEMÁTICA DE LA INVESTIGACIÓN

## 1.1.PLANTEAMIENTO DEL PROBLEMA

*Cándida albicans* es un hongo oportunista de la cavidad bucal se encuentra como parte de la flora normal estableciendo simbiosis con otros microorganismos se encuentra en la mucosa de la cavidad bucal. En cantidades pequeñas es indemne pero cuando su crecimiento aumenta drásticamente puede comprometer nuestra salud. Es considerada una de las enfermedades todavía no-reconocidas que más prevalece en el hombre moderno. Este organismo comensal se encuentra entre el 30% y 70% de la población (1), acompañado de lesiones blancas bucales queratosicas y no queratosicas (2)

El uso de medicamentos para su tratamiento puede ser costoso, demanda de tiempo y puede producir efectos colaterales sin embargo el avance de la fitoterapia como disciplina médica es cada vez mayor, y esto se evidencia en que las plantas medicinales representan casi el 25% del total de las prescripciones médicas en países industrializados; y en los países en desarrollo la participación de las plantas medicinales en el arsenal terapéutico alcanza el 80%.(2).

La actividad anti fúngica de extractos y aceites de plantas usadas en medicina popular contra diversos hongos, los cuales causan infecciones frecuentes en humanos, ha sido ampliamente estudiada. Debido a los efectos adversos de algunas de las drogas anti fúngicas utilizadas actualmente , a que son poco efectivas e inducen frecuentemente resistencia , a los elevados costos de los tratamientos antimicóticos , numerosos investigadores han encaminado sus trabajos hacia la búsqueda y aplicación de nuevos compuestos biológicamente activos que exhiban efectos secundarios mínimos.(3) Por lo que planteamos la necesidad de buscar una forma de controlarla a base de recursos naturales de nuestra región, de fácil accesibilidad a personas de distintas condiciones socioeconómicas.

Dentro de esta búsqueda, se hallaron investigaciones en plantas con resultados muy promisorios pues se han encontrado, por ejemplo, efectos antimicóticos y antibacterianos en muchos extractos y aceites de vegetales; proponiendo como alternativa al *Piper aduncum* (matico*)  y Allium sativum* (ajo), que según estudios realizados en  Ecuador(Loja y Riobamba), Costa Rica y México (Veracruz, Coaxaca Juárez), Guatemala  y  en  otros lugares de Latinoamérica del Perú como señalan los antecedentes nacionales y locales, confirman la experimentación de posibles propiedades antifúngicas de estas plantas; de origen y condición climática distinta a nuestra región Puno, lo que conlleva a un estudio de las mismas para comparar su efecto, siendo estas extraídas desde distintos pisos altitudinales del Perú.

## 1.2. FORMULACIÓN DEL PROBLEMA

¿Cuál es el efecto antifúngico in vitro del *Piper aduncum* (matico) y *Allium sativum* (ajo) extraídos desde distintos pisos altitudinales sobre *Cándida albicans* Una- Puno 2013?

## 1.3. IMPORTANCIA Y UTILIDAD DEL ESTUDIO

❖ La relevancia que presenta este estudio es que generaremos conocimiento acerca  de las plantas medicinales como tratamiento terapéutico en *Cándida albicans,* y con ello realizar un aporte en la medicina odontológica.

❖ Con esta investigación se podrán beneficiar personas de distinta condición socioeconómica que tienen al alcance estas plantas medicinales.

❖ Esta investigación puede servirnos como inicio de otras investigaciones y que estos también busquen mejorar el uso de las plantas medicinales.

## 2. MARCO TEORICO

### 2.1. GENERALIDADES SOBRE LOS HONGOS

La cavidad oral es un ambiente húmedo, el cual tiene una temperatura relativamente constante entre 34 y 36 °C, con un pH hacia la neutralidad en la mayoría de sus superficies, soporta el crecimiento de una gran variedad de especies, este acumulo de microorganismos es resultado de la interacción entre el medio oral y la flora bucal, esta flora es altamente compleja y diversa, está compuesta por más de 300 especies de microorganismos estables, incluyendo género protozoario, levaduras, micoplasmas, virus y bacterias, aunque no está completamente caracterizada. Varia de un sitio a otro como las superficies dentales y la lengua también puede variar entre los individuos (13).

Los hongos son heterótrofos y se alimentan por absorción, están formados por células eucarióticas. Son aerobios y la reproducción la efectúan ya sea por mecanismo sexual o por uno asexual. Los hongos unicelulares están representados por las levaduras de forma redonda u oval y los multicelulares por los hongos filamentosos. (13,14).

Las células fúngicas contienen una membrana y una pared celular formada por varias capas, en el citoplasma se encuentran varios organelos comunes a todas las células, la mayoría de los hongos son microscópicos y la unidad anatómica fundamental es la hifa. (13).

Aun cuando los hongos pueden subsistir en rangos de pH muy amplios, la mayoría vive en medios ligeramente ácidos entre 6.0 y 6.5. La temperatura más adecuada para su desarrollo es de 20 a 25°C, la mayor parte de los hongos necesitan oxígeno para vivir, la humedad relativa debe de ser alta para su desarrollo y fructificación y puede ir del 60 al 80%. Los hongos no tienen grandes exigencias nutricionales pues aprovechan bien la mayoría de los azucares y almidones así como los aminoácidos más comunes y algunos compuestos lipídicos las vitaminas y minerales pueden ser aprovechados por algunas especies particulares de hongos (13).

### 2.1.1. *Cándida albicans*

### 2.1.1.1. Taxonomía de *Cándida albicans*

Reino    : Hongo

División: Deuteromycota

Clase: *Blastomycetes*

Familia: *Cryptococcaceae*

Género: *Cándida*

Especie: *albicans*

### 2.1.1.2. Características generales de *Cándida albicans*

*Cándida albicans* forma parte de la microbiota oral, se ha comprobado que la zona bucal más parasitada es la lengua, también se puede aislar del tracto gastrointestinal, allí se encuentra como un comensal agasapado, puesto que aprovechara cualquier alteración de las defensas del hospedador para producir manifestaciones clínicas (15).

La *Cándida albicans* suele presentarse como una célula oval levaduriforme de 2 a 4 micras, grampositivas, con paredes finas; sin embargo, en tejidos infectados también se han identificado formas filamentosas de longitud variable, con extremos redondos de 3 a 5 micras de diámetro y seudohifas, que son células alargadas de levadura que permanecen unidas entre sí (2).

El material blanco que crece en los medios de cultivo consiste desde el punto de vista microscópico, en pseudomicelio actualmente llamados filamentos de *Cándida albicans*. Se presenta bajo condiciones de cultivo semianaeróbico o facultativo y está formado por células elongadas que se mantienen unidas entre sí como una cadena y blastoconidias o blastosporas que están agrupadas en montones a lo largo del pseudomicelio, en los sitios en que los extremos finales de las células pseudomiceliales se empalman con otras (2)

La *Cándida albicans* en general está representada por 20-40% de proteínas y 30-50% de polisacáridos, mientras que la proporción de lípidos es variable. La fracción lipídica va a depender de la cepa, edad del cultivo, condiciones ambientales y del origen de la fuente de carbono (2).

La pared celular de *Cándida albicans* está compuesta principalmente por los polisacáridos Manano, Glucano y Quitina. La membrana citoplasmática es una estructura que reviste gran importancia, ya que los antibióticos antimicóticos actúan a nivel de la misma, además de contener las enzimas responsables de la síntesis de la pared celular. Esta presenta una doble capa compuesta por lípidos y posee invaginaciones, que se observan como surcos de 200 a 300 nanómetros de longitud, por 35 a 40 nanómetros de espesor. Además de los lípidos, la membrana citoplasmática está compuesta por grandes cantidades de proteínas y carbohidratos en menor proporción. En el citoplasma, al igual que otras células eucarióticas, la *Cándida albicans* presenta: ribosomas, mitocondrias con doble capa, gránulos de glucógeno y vacuolas que contienen, en algunas ocasiones, cuerpos lipídicos y gránulos de polifosfato. El núcleo es típico de una célula eucariótica, con membrana nuclear limitante, uno o varios nucléolos, ADN y ARN y varios cromosomas (2).

### 2.1.1.3. **Factores que conllevan a la aparición de *Cándida albicans***

Las enfermedades neoplásicas y los fármacos citotóxicos e inmunosupresores alteran el sistema inmunitario favoreciendo la infección, se ha reconocido que las dietas ricas en hidratos de carbono predisponen a las candidiasis oral y  la capacidad de adhesión a las células aumenta Las deficiencias nutricionales  intervienen como cofactores en la génesis de las candidiasis orales, la deficiencia de hierro determina la aparición de anormalidades en el epitelio y altera algunos procesos inmunológicos celulares, la respuesta de anticuerpos y la fagocitosis. Las avitaminosis como el déficit de folato determina la aparición de cambios degenerativos en la mucosa oral. La hipovitaminosis A y la deficiencia de B1, B2, B12 y C favorecen la aparición de candidiasis (13).

La microbiota oral regula el número de hongos, inhibe su adhesión a las superficies orales por bloqueo de los receptores celulares, compite con los hongos por los nutrientes y algunas bacterias producen factores antifúngicos. Por esto el uso de antibióticos que reducen la microbiota bacteriana favorece el crecimiento de Cándida en la cavidad oral. La administración de antibióticos sistémicos provoca una modificación fúngica, se ha señalado que los antibióticos también pueden producir una reducción en la actividad anti cándida de los neutrófilos (13).

El tabaco aumenta la queratinización epitelial, reduce la concentración de Ig A en la saliva y deprime la función de los leucocitos polimorfo nucleares, todas estas circunstancias pueden favorecer el crecimiento oral de cándida; pero la relación entre tabaco y colonización por cándida no ha sido firmemente establecida (13).

La saliva constituye un elemento anti fúngico de primer orden ya que tiene una labor de 
barrido mecánico que dificulta la adhesión del hongo  y un poder anti fúngico merced a sus 
componentes proteicos: lisozimas, lactoferrina, lactoperoxidasas y glucoproteinas. La 
reducción del pH salival que habitualmente oscila entre 5.6 – 7.8, favorece la adhesión del 
hongo. Los anticuerpos contra cándida presentes en la saliva son del tipo Ig A secretor y 
actúan inhibiendo la adherencia de cándida a la mucosa oral. Se ha demostrado un aumento 
de la concentración de inmunoglobulinas en la saliva de los pacientes con candidiasis oral. 
Por todo esto todas aquellas situaciones que reducen la producción de saliva, favorecen la 
aparición de candidiasis oral. La sequedad (xerostomía) afecta de un modo fundamental a la 
colonización oral por cándida, tanto al disminuir la acción limpiadora mecánica, como al 
disminuir el pH y los productos antifúngicos, como la lisozima (13).

### 2.1.1.4. Cultivo de *Cándida albicans*

Las especies de *Cándida albicans* crecen bien en Agar Sabouraud Dextrosa o en otros 
medios de cultivo similares, las colonias que crecen son lisas, suaves, húmedas y de color y 
aspecto cremoso. Estas colonias tienen un tamaño que oscila entre 1,5 y 2 mm de diámetro, 
con aspecto de levadura, de consistencia blanda y rápidamente proyectan filamentos hasta la 
profundidad del agar. Después de 4-5 días se percibe un olor característico de levadura (2). 
Las colonias de *Cándida* crecen "in vitro" en condiciones de aerobiosis en medios de cultivo 
a pH con rango entre 2,5 y 7,5 y temperatura que oscila entre 20 °C y 38 °C. El crecimiento 
de colonias se puede detectar entre 48 y 72 horas después de la siembra, y los sub cultivos 
pueden crecer más rápidamente (2).

### 2.1.1.5. Tratamiento de *Cándida albicans*

El tratamiento de la candidiasis oral es necesario no solo por el disconfort que causan las 
lesiones, sino también porque pueden ser un foco para la extensión de la enfermedad cuando 
un paciente se encuentra inmunodeprimido (21). El tratamiento tópico de la candidiasis con 
nistatina, anfotericina, clotrimazol, econazol o miconazol eliminan las lesiones en 14 días 
aproximadamente (16)

## 2.2. FITOTERAPIA

La fitoterapia es la ciencia que estudia la utilización de los productos de origen vegetal con finalidad terapéutica, ya sea para prevenir, para atenuar o para curar un estado patológico. La mayoría de éstas presentan efectos fisiológicos múltiples debido a la presencia de más de un principio activo. (17, 18).

El uso de las plantas es de gran utilidad, ya que de ellas son obtenidas innumerables sustancias químicas, en la actualidad existen plantas que poseen compuestos químicos antibacterianos y antifúngicos, las cuales pueden utilizarse en el campo de Odontología (17) Las plantas han sido utilizadas desde épocas primitivas en el tratamiento de enfermedades. Durante mucho tiempo los remedios naturales, y sobre todo las plantas medicinales, fueron el principal e incluso el único recurso de que disponían los médicos. Dichas plantas medicinales y los remedios que entonces utilizaban se siguen usando hoy en día, este conocimiento tradicional empírico se ha asociado al conocimiento científico, como forma segura de permitir el uso de agentes fitoterápeuticos en la odontología alternativa (2).

Con la aparición de la industria farmacéutica y los avances de farmacología, las plantas pasaron a ser fuente de principios activos de medicamentos de síntesis, y más tarde, han sido desplazadas por éstos. Ahora hay una "vuelta a la naturaleza" con el consiguiente aumento de consumo de productos a base de plantas medicinales (19)

La OMS (Organización mundial de la Salud) ha definido como planta medicinal a aquella que en uno o más órganos contiene sustancias que pueden ser utilizadas con finalidad terapéutica o son precursoras de fármacos de síntesis y droga vegetal es la parte de la planta medicinal en la que encontramos mayor concentración de principios activos, puede ser la hoja, la flor, la raíz, etc. (20)

En el Perú la riqueza de las plantas medicinales es muy amplia y está enmarcada dentro de más de 4400 especies de usos conocidos por las poblaciones locales, de las cuales un gran porcentaje se presenta en la región andina y de la selva. (21)

Para la fabricación de muchos fitofármacos se utilizan los principios activos de determinadas plantas medicinales, creyendo que las acciones imputables a dichas sustancias, se verían incrementadas, al poder realizar terapias donde la cantidad de principio activo es superior al que posee la planta. Nada más lejos de la realidad, ya que se comprobó que las propiedades de dichas sustancias, eran menos eficaces y existía peligro de producir intoxicaciones e intolerancias, cosa que no ocurría con la utilización de la planta entera (2).

No debemos olvidar que los remedios a base de plantas medicinales presentan una inmensa ventaja con respecto a los tratamientos químicos. En las plantas los principios activos se hallan siempre biológicamente equilibrados por la presencia de sustancias complementarias, que van a potenciarse entre sí, de forma que en general no se acumulan en el organismo, y sus efectos indeseables están limitados (2).

Los estudios sobre la actividad antimicrobiana y antifúngica de extractos y aceites esenciales de plantas nativas han sido reportados en muchos países, como Brasil, Cuba, India, México y Jordania, que tienen una diversidad de flora y una rica tradición en el uso de plantas medicinales para su uso como antibacteriano o antifúngicos. Ya que las plantas medicinales producen una variedad de sustancias con propiedades antimicrobianas, se espera que los compuestos se usen para el desarrollo de nuevos antibióticos y antifúngicos. Sin embargo, las investigaciones científicas para determinar el potencial terapéutico de las plantas son limitadas y hay una falta de estudios científicos que confirman la experimentación de posibles propiedades antibióticas y antifúngicas de muchas de estas plantas. En nuestro medio, algunas plantas medicinales en el área de salud dental están siendo utilizadas en diversas formulaciones terapéuticas, así tenemos los enjuagues bucales, colutorios, soluciones tópicas, pasta dental, entre otros. Los aspectos que ofrecen a la población son mejores tanto en el aspecto terapéutico como económico (22)

### 2.2.1. *Piper aduncum* (Matico)

El matico es una planta cosmopolita de la familia de la pimienta de aproximadamente tres metros de altura que crece en la costa, selva alta y baja y en los valles interandinos de la sierra. (23) Se distribuye en toda la cuenca amazónica de Perú, Brasil, Colombia, Paraguay, Ecuador y Bolivia. (24) Se le conoce también con el nombre de "cordoncillo" y "hierba del soldado" y en idioma shipibo - conibo, los nativos lo designan con el nombre de "Potoimarao" (23).

Las propiedades medicinales del Matico se encuentran en sus hojas. El Matico posee propiedades astringentes, hemostáticas y vulnerarias. (24). Esta planta por influencia de las condiciones ambientales, adopta formas típicas del lugar, por ello las hojas de la zona de recolección, son diferentes a las halladas en otras partes del país (21).

### 2.2.1.1. Descripción botánica

Se trata de arbustos perennes que alcanzan una altura de 1 a 3 m de altura, con ramas grises, hojas aromáticas opuestas de color verde brillante de 7 a 10cm de largo por 2.5 a 3.5 cm de ancho, las flores son tubulares en espigas solitarias de tonalidad fuccia, el fruto es de color

negro y contiene una semilla pequeña oscura en su interior. En el Perú crece  en  los valles
interandinos entre los 1000 a 2500 metros sobre el nivel del mar (25).

### 2.2.1.3. Clasificación Taxonomía

REINO          : Plantae
SUB REINO      : Tracheobionta (Plantas vasculares)
DIVISIÓN       : Magnoliophyta (Plantas con flores)
CLASE          :Dicotiledóneas
ORDEN          **:** Piperales
FAMILIA        **:** Piperaceae
GÉNERO         : Piper
ESPECIE        : *Piper aduncum* (36)

### 2.2.1.4. Composición química

En el género *Piper* se han aislado los siguientes grupos de compuestos: alcaloides, amidas,
propenilfenoles, lignanos, neolignanos, terpenos, esteroides, kawapironas, piperolidos,
chalconas, hidrochalconas, flavonas, flavonones y otros compuestos (alcanos, alcoholes,
ácidos, ésteres, y ciclohexanos oxigenados) (9).

### 2.2.1.5. Propiedades y usos

Sin duda, la principal propiedad medicinal de esta planta es la de ayudar en la cicatrización de
todo tipo de heridas, ya sea externas o internas. De aquí su utilidad en el tratamiento de la ulcera
digestiva. Externamente, su efecto benéfico sobre heridas de lenta cicatrización es muy
sorprendente. Sin embargo, la principal y que parece útil mantener en primer lugar es su
propiedad vulneraria, vale decir, cicatrizante de heridas y efecto antifungico también se usa
para afecciones urinarias causados por hongos (9)

### 2.2.1.6. Actividad farmacológica

Los estudios de laboratorio realizados han confirmado la acción cicatrizante antiinflamatoria,
antiséptica del matico y como inhibe las bacterias y los hongos. (25)

### 2.2.1.7. Reacciones adversas

Aunque no se conoce con exactitud la biotoxicidad de esta planta, la etnomedicina lo
considera como una de las plantas con propiedades medicinales, que no produce efectos
secundarios cuando se usa en la dosis adecuada (22, 26)

### 2.2.1.8. Contraindicaciones

Según las bibliografias revisadas no se reportaron contrindicaciones de esta planta.

### 2.2.1.9. Aceite esencial

Los aceites esenciales, son mezclas de sustancias orgánicas químicamente constituidas por terpenos, sesquiterpenos y compuestos aromáticos que se localizan en determinados órganos de la planta como flores, hojas, frutos; y se les obtienen por destilación dependiendo del método y la condición del vegetal, destacándose entre ellos el de arrastre con vapor de agua, aunque son solubles en aceite no contienen lípidos grasos o ácidos como los que se encuentran en aceites vegetales y animales. Loa aceites esenciales son muy limpios frescos al tacto e inmediatamente absorbidos por la piel. Puros e inalterados son traslucidos (27)

Se les llama aceites por su apariencia física y consistencia que es bastante parecida a los aceites grasos, pero se distinguen de ellos, porque al dejar caer unas gotas de esencia sobre el papel, éstas se volatilizan fácilmente sin dejar ninguna huella ni mancha grasosa. (28)

**A. Propiedades Físicas de los Aceites Esenciales**

En general, son líquidos a temperatura ambiente, su densidad es inferior a la del agua, son solubles en solventes orgánicos e insolubles en agua. (29)

**B. Composición Química**

Actualmente se han identificado alrededor de cuatrocientos componentes químicos constituyentes de los aceites esenciales. La mezcla compleja que integra los aceites esenciales pertenecen de manera casi exclusiva a grupos característicos distintos: el grupo de los terpenos, el grupo de los compuestos derivados del fenilpropano, los terpenos originarios del ácido acético, los terpenos provenientes del ácido químico (aromáticos) y otros como los compuestos procedentes de la degradación de terpenos. Los monoterpenos y sesquiterpenos son terpenos de 10 y 15 átomos de carbonos. De acuerdo con su estructura se les clasifica según el número de ciclos como acíclicos, monocíclicos, bicíclicos, etc. Siendo los monoterpenos los compuestos mayoritarios de los aceites esenciales (18)

**C. Métodos de extracción de aceites esenciales**

Los aceites esenciales se pueden obtener de diversas formas, ya que depende del órgano de la planta del cual va a ser extraído, además de que al momento de ser extraído el aceite no pierda Sus características organolépticas, ni sus propiedades. Los procesos pueden ser:

- ❖ Destilación con vapor de agua
- ❖ Expresión en frío
- ❖ Enfleurage
- ❖ Extracción con solvente (30).

**D. Destilación con vapor de agua**

La destilación por arrastre con vapor también se la conoce como hidrodestilación (HD), y tiene como propósito separar sustancias volátiles e insolubles en agua de otras sustancias menos volátiles. El agua en la cual se encuentra el material vegetal fresco, pasa a través de una trampa de destilación en forma de vapor. Este vapor producido arrastra los aceites esenciales de las plantas hasta el refrigerante el cual se encuentra a temperatura más fría. Este cambio de temperatura hace que el vapor se condense y se vuelva nuevamente líquido (agua y aceite esencial). En uno de los brazos de la trampa se puede observar cómo queda el agua y sobre este el aceite, lo cual facilita el momento de la recolección. El aceite debe ser almacenado en frascos de vidrios herméticos oscuros (30).

### 2.2.2. *Allium sativum* (Ajo)

El ajo es un tubérculo. Es más conocido como  condimento para las comidas. Pero a través de los años, el ajo se ha usado como una medicina para la prevención de un amplio rango de enfermedades y condiciones. El diente fresco de ajo o suplementos hechos del diente de ajo se utilizan para los medicamentos. (31)

El ajo cuya denominación científica es *Allium sativum* pertenece a la familia de las Liliáceas, el ajo tiene el bulbo sólido formado de bulbillos limitados por dos caras planas y una convexa, puntiagudos en ambos extremos; tallo erguido, cilíndrico; hojas lizas, estrechas; flores blanquizcas o rojizas. El géneo *Allium* contiene más de 300 especies de plantas; entre ellas se encuentra el *Allium sativum*, cuyas características olorosas permitieron su denominación con el uso del término *allium,* que significa oloroso en latín.  (32)

### 2.2.2.1. Descripción botánica

El ajo es una planta bulbosa pertenece a la familia de las Liliáceas. El bulbo o "cabeza de ajo", está compuesto por 5 a 15 hojas estériles que no forman dientes en sus axilas, y 1 a 8 hojas fértiles, en cuyas axilas se forman entre 3 a 30 dientes. Cada bulbillo o "diente" tiene una forma alargada y presentan diversos colores: blanco, rosado o púrpura. Cada bulbillo  se compone de un pequeño disco basal; una hoja protectora externa de consistencia coriácea,  responsable de otorgarle el color característico al diente; una hoja de brotación y protección, que aparece al brotar y que protege al follaje. La raíz es fasciculada, blanca y tierna, pudiendo alcanzar los 50 cm de profundidad. Las  hojas son largas, alternas, comprimidas y sin nervios aparentes. Los tallos son subcónicos y huecos,  presentando en máximo desarrollo entre 40 cm a más de 55 cm. Puede no presentar flores. (45)

Existen variedades de ajo: el de cáscara blanca y el ajo violeta. Entre las variedades sembradas de acuerdo con las regiones naturales destacan: en la sierra, el ajo morado que se siembra en Arequipa, Cajamarca, Ancash y Huánuco. Cuenta con las siguientes características: un bulbo de 20 dientes con un diámetro promedio de 50 milímetros y un período vegetativo de 6 meses. En la costa, el Napurí (color violáceo) y el Massone (cáscara blanca) que se cultiva en Majes (Arequipa), cañete y Barranca (Lima). Sus bulbos tienen menos de 20 dientes con un diámetro promedio de 40 milímetros y un período vegetativo de 5 meses El clima apropiado en el que se desenvuelven va de templado a cálido con baja humedad relativa. En las primeras etapas de su desarrollo requiere temperaturas entre 10 y 14 °C y en la fase de madurez sus necesidades fluctúan entre los 18 y 22 °C.

Requiere de suelos ricos en materia orgánica, ligeramente ácidos y con Ph entre 5,8 y 6,5. Su ciclo de vida es bianual. (46)

### 2.2.2.2. Taxonomía

REINO           : Plantae
SUB REINO       : Phanerogamae
DIVISIÓN        : angiospermae(Plantas con flores)
CLASE           : monocotyledoneae
ORDEN           : liliales
FAMILIA         : liliaceae
GÉNERO          : Allium
ESPECIE         : *Allium sativum* (36)

### 2.2.2.3. Composición química

El ajo contiene numerosos componentes activos, de entre los que destacan sus compuestos azufrados. Si el bulbo está intacto y fresco, el componente mayoritario identificado es el sulfóxido de S-alil-cisteína (aminoácido azufrado). (33)

Cuando los bulbos de ajo se almacenan a baja temperatura, la aliína se mantiene inalterable, mientras que cuando el ajo es machacado o triturado, la aliína se transforma en alicina y otros compuestos azufrados (tiosulfinatos), por la acción de la enzima aliinasa. Estos últimos son muy inestables y se transforman con extrema rapidez en otros compuestos órgano sulfurados: sulfuro de dialilo, disulfuro de dialilo (mayoritario en la esencia de ajo), trisulfuro de dialilo y ajoenos, todos ellos solubles en medio oleoso. (33) Se considera que 1 mg de aliína equivale a 0,45 mg de alicina. Además, en el bulbo de ajo se encuentran sales minerales (selenio), azúcares, lípidos, aminoácidos esenciales, saponósidos, terpenos, vitaminas, enzimas, flavonoides y otros compuestos fenólicos. También se considera que contiene aceite esencial (debido a la formación de los compuestos azufrados volátiles). (34). La alicina uno de los principios activos del ajo fresco picado, es un sulfóxido , liquido blanco amarillento, olor a ajo, soluble en agua y etanol que tiene una variedad de actividades antimicrobianas. Alicina en su forma pura muestra actividad antifúngica, especialmente frente a *Candida albicans.* (22).

## 2.2.2.4. Métodos de extracción de ajo utilizados

Existen varias formas de obtener los extractos entre ellos mencionamos (7).

- ❖ Extracto puro de ajo
- ❖ Extracto hidroalcohólico de ajo
- ❖ Extracto acuoso de ajo
- ❖ Polvo de ajo
- ❖ Aceite de ajo

**A. Extracto puro de ajo.-** Es el producto obtenido por machacado y trituración de ajo sin la adición de otro tipo de sustancia como solvente, obteniendo un zuco de ajo. Contiene aliína y alicina, la alicina se descompone instantáneamente en numerosos compuestos órganosulfurados (sulfuros, ajoenos y ditiínas) (35)

## 2.2.2.5. Propiedades farmacológicas

En los últimos 30 años se han realizado numerosos estudios, tanto in vitro como in vivo, sobre la química y las propiedades farmacológicas del ajo. De esta manera, actualmente están documentadas muchas de sus propiedades, entre las que destacan su acción antioxidante, hipolipemiante, antiaterogénica, antitrombótica, hipotensora, antimicrobiana, antifúngica, anticarcinogénica, antitumorogénica e inmunomoduladora. Todas estas propiedades farmacológicas se atribuyen principalmente a sus componentes azufrados (32).

Muchos hongos han demostrado ser sensibles, incluidos *Cándida, Torulopsis, Trichophyton, Cryptococcus, Aspergillus, Trichosporon y Rhodotorula* (32).

El extracto de ajo, demostró disminuir el consumo de oxígeno, reduce el crecimiento del organismo, inhibe la síntesis de lípidos, proteínas y ácidos nucleicos y dañan las membranas. Una muestra de alicina pura ha demostrado ser antifúngica (32). La eliminación de la alicina en la reacción de extracción por solventes disminuyó la actividad antifúngica. La actividad también se ha observado con los componentes de ajo, dialil trisulfuro, contra la meningitis criptocócica, y ajoeno, contra *Aspergillus* (36).

## 2.2.2.6. Reacciones adversas

Se considera que el ajo es una especie que carece de toxicidad. Sin embargo, el consumo de ajo puede producir efectos adversos, aunque los más frecuentes no son graves, ya que no conllevan riesgos para la salud, puesto que están relacionados con el desarrollo de mal aliento o mal olor corporal. El consumo de ajo también puede producir, en algunos casos y cuando el ajo se consume en dosis elevadas o en personas especialmente sensibles, dolor abdominal, sensación de saciedad, náuseas y flatulencia. También, mucho más raramente, podría producir síndrome de Ménière, infarto de miocardio, hematoma epidural o alteración en la coagulación (37).

Por otro lado, el poder alergénico del ajo está bien reconocido, ya que se han identificado alérgenos como el disulfuro de dialilo, el sulfuro de alilpropilo y la alicina (este último puede ser irritante). Se ha descrito la aparición de reacciones alérgicas tanto por la ingestión como por contacto; la más frecuente es la aparición de dermatitis por contacto (32).

El ajo fresco es muy irritante, especialmente en condiciones oclusivas, de manera que el contacto con la piel por un período superior a las 6-18 h se ha manifestado en ocasiones con quemaduras y necrosis cutánea (32).

## 2.2.2.7. Interacciones

El ajo puede intensificar los efectos de los anticoagulantes, como la heparina o warfarina, y de los antiagregantes plaquetarios, lo que favorece la aparición de hemorragias. También diversos informes han sugerido que los complementos dietéticos y preparados Fito terapéuticos de ajo pueden aumentar el riesgo de hemorragia en pacientes durante la cirugía, por lo que resulta prudente dejar de tomar dosis elevadas de estos productos unos 10 días antes de una intervención quirúrgica (37).

También se ha detectado interacción con saquinavir y posiblemente con otros inhibidores de proteasa, lo que puede disminuir los valores de saquinavir en sangre y, por consiguiente, reducir su efectividad. Es importante tener este efecto en cuenta, ya que enfermos de sida ingieren, junto a los retrovirales, preparados de ajo para disminuir el colesterol, que normalmente aumenta como efecto secundario a esta medicación. Esta interacción puede deberse al hecho de que el ajo y los inhibidores de proteasa se metabolizan a través de la misma vía, el sistema CYP450 (32).

## 2.2.2.8. Contraindicaciones

Además de estar contraindicado el consumo de ajo en personas hipersensibles, en vista de las acciones terapéuticas del ajo, éste debe usarse con precaución en caso de trastornos de la coagulación debido a que puede favorecer la aparición de hemorragias (32). En cuanto al embarazo y lactancia, al ajo se le atribuye actuar como abortivo y de afectar al ciclo menstrual (36).

Además, algunos estudios han demostrado que el consumo de ajo por parte de las madres lactantes altera el olor de su leche y la conducta de los lactantes. Esto puede deberse a que los sulfóxidos se excretan en cantidades significativas con la leche materna, lo que le confiere un sabor desagradable que puede afectar al niño (32, 37)

## 2. 3. PISOS ALTITUDINALES

En 1941, el doctor Javier Pulgar Vidal planteó la tesis de las ocho regiones naturales, enfoque o criterio que tomó como base o fundamento la existencia de pisos altitudinales o pisos ecológicos, en función al clima, flora y fauna. Cada uno de los pisos altitudinales ha sido denominado utilizando términos de la sabiduría y cultura del antiguo hombre andino, y encontramos un antecedente al respecto en una obra de José de la Riva Agüero y Osma publicada en 1918, en la que aparecen citadas, entre otras, zonas como la Yunga, Queshua, Jalca, Janca, Puna y Cordillera. Pulgar Vidal retomó esos estudios para plasmarlos en su tesis, estableciendo ocho pisos ecológicos: Chala, Yunga, Quechua, Suni, Puna o Jalca, Janca, Rupa Rupa u Omagua. Estos términos siguen siendo muy útiles para el conocimiento de nuestra realidad geo histórica. Y las ocho regiones naturales están comprendidas en la gran división regional (Costa: Chala. Sierra: Yunga, Quechua, Suni, Puna y Jalca. Selva: Rupa-Rupa y Omagua). (38, 39)

### 2.3.1. Región costa/ chala:

Es una estrecha zona que se extiende desde Tacna hasta Tumbes; entre el mar peruano y los contrafuertes de la cordillera occidental. Los lugares áridos y desérticos cubren la mayor parte de esta zona. El más extenso en el desierto, los valles son una especie de oasis en los desiertos costeños. En sus orillas se han formado ciudades y campos de cultivo. Su clima se caracteriza por tener 2 estaciones bien marcadas. Hay ausencia de lluvias en la mayor parte de la costa. Tumbes es diferente por su clima cálido y húmedo tiene abundante vegetación debido a las lluvias periódicas influenciadas por la llamada corriente del niño. Los cultivos más importantes son: algodón, caña de azúcar, arroz.

Las actividades agropecuarias son tecnificadas. Su extensión total es de 2,484 km2, de la frontera con Chile hasta la frontera con el Ecuador. Su altitud es desde los 0 metros hasta los 500 m.s.n.m. En este perfil predominan condiciones climáticas marítimas (40)

### 2.3.2. Región yunga:

También se llaman quebrada. Es el piso geográfico que se extiende desde los 500m hasta 2.300 msnm. (39)

#### 2.3.2.1. La yunga marítima

Se extiende desde los 500 m hasta los 2300 msnm. Esta zona o región se caracteriza **por** tener un relieve accidentado, escarpado, con valles muy estrechos y profundas quebradas. La vegetación es abundante en los valles.

#### 2.3.2.2. La yunga fluvial

La Yunga Fluvial conocida como quebrada se encuentra ubicada en los valles interandinos, desde los 1500 m hasta los 2300 m.s.n.m. De altitud, de aquí empieza a perfilarse la influencia de la altura. Esta región se caracteriza por tener una vegetación muy variada, debido a la presencia de abundantes precipitaciones estacionales

### 2.3.3. Región quechua

Es la región más poblada de la sierra, se extiende de 2.300m hasta los 3.500 msnm. Su relieve es escarpado, pero la obra humana, a lo largo de varias anturias, lo ha modificado mediante andenes, terraplenes, etc. En esta región se encuentran poblaciones tan importantes como: Abancay (2.377 m), **Arequipa (2.329 m)**, Cusco (3.399m), Huaraz(3091 m), Toquepala (2.620 m), Jauja (3.410 m), etc. Han sido y siguen siendo el nervio de la cultura (40)

### 2.3.4. Región Suni o Jalca.

Está ubicado entre los 3.500m hasta los 4.000 msnm. Su relieve está formado por varios estrechos y por zonas ligeramente onduladas llamadas pampas. Es el límite superior de latitud agrícola. En esta región hay importantes zonas mineras: la Orolla (3.712m), Huancavelica (3.667m), **Puno (3827m),** son la de mayor relevancia. (40)

### 2.3.5. Región Puna o Alto andino.

Ubicada entre los 4.000- 4.800msnm. Su relieve es diverso, algunas veces escarpados y otras planos u ondulados. La actividad humana fundamental es el pastoreo. La papa amarga Omashua y la cebada son las plantas domésticas que mejor se han adaptado a esta región. Entre las plantas silvestre abundan (el ichu), alimento de ganado y ayuda directa para la supervivencia del hombre convertida en paja o adoquines para la construcción de Viviendas. Cerro de Pasco importante centro minero, está ubicado en esta zona; a los 4.388msnm convirtiéndose en unos más altos del mundo (39,40).

### 2.3.6. Región Janca o Región Nival.

Es el piso geográfico del relieve peruano se encuentra entre los 4.800 – 5.768 msnm es la zona de los glaseares su relieve es escarpado. Es la zona peruana de menor cobertura vegetal y animal los únicos animales que viven en los límites inferiores de las nieves son: el cóndor; la vizcacha y la vicuña macho. (39, 40)

### 2.3.7. Región selva alta.

Llamada también "rupa rupa" se encuentran al otro lado de los andes en la parte oriental de los 1.000m hasta los 400 msnm. El relieve es accidentado. Es la zona de los pongos y proviene de la palabra quechua "punko" que significa puerta. Los ríos que van a dar sus aguas al rio Amazonas han tenido que abrirse paso rompiendo (erosionando profundamente) los últimos contrafuertes andinos en su lado oriental. así se han formado los pongos; el rio se ha estrechado, el desplazamiento se acelera, siendo peligroso para la navegación. Los más importantes son: Manseriche y Rentema (rio Marañón), Aguirre (Huallaga), Mainique (Urubamba), Boquerón del Padre Abad (Yuracyacu).La vegetación no es tan tupida como en la selva baja. Existen muchos claro consuelo fértil, que son la reserva más fabulosa que tiene el Perú para las actividades agropecuarias (40).

### 2.3.8. Región selva baja:

Conocida como región "omagua", está ubicada entre los 400 –80 metros de altitud s.n.m. es llamada llanura amazónica, pero la palabra omagua es la que mejor tipifica a esta región porque etimológicamente significa la región del pescado dulce. Además con esa terminología se le conoce a una tribu. Su relieve nopresenta accidentes de consideración. Se caracteriza por ser zonas de elevación. Sobre sale ligeramente de la llanura y tiene una importancia enorme para el poblador; porque no son zonas inundables donde estén ubicados los pueblos más importantes de la zona baja: Iquitos, Pucallpa, etc. En estos lugares en que las aguas de las precipitaciones y de los ríos encuentran sitios propicios para estancarse y formar las "cochas" o "tispicheas". Su vegetación es rica, variada extraordinariamente, es la reserva más grande de madera del Perú y una de las más grandes del mundo entero. su fauna también es extraordinariamente variada, en peces existen más de 600especies sobresaliendo el paiche. (39)

## 2.4. MARCO CONCEPTUAL

### 2.4.1. Hongo

Los hongos son seres vivos que se encuentran clasificados dentro del reino fungí. Están formados por una parte vegetativa (micelio) que se encuentra en el interior del substrato del que se alimentan, produciendo fluctuaciones que conocemos con el nombre de hongos o setas. Los hongos a diferencia del reino vegetal carecen de clorofila; por lo tanto, no pueden sintetizar su propio alimento y necesitan obtenerlo ya elaborado. Para ello se alimentan de otros organismos viviendo en simbiosis. Los hongos también pueden parasitar plantas o animales o vivir como saprófitos, esto es desarrollándose a partir de materia orgánica en descomposición. (41)

### 2.4.2. Cultivos

Un cultivo es un método para la multiplicación de microorganismos, tales como bacterias, hongos y parásitos, en el que se prepara un medio óptimo para favorecer el proceso deseado. Un cultivo es empleado como un método fundamental para el estudio de las bacterias y otros microorganismos que causan enfermedades. (43)

### 2.4.3. Fitoterapia

Es la ciencia que estudia la utilización de los productos de origen vegetal con finalidad terapéutica, ya sea para prevenir, para atenuar o para curar un estado patológico. (25)

### 2.4.4. Aceite esencial

Son sustancias olorosas, volátiles, compuestos por mezclas de sustancias líquidas que se localizan en cualquier zona de la planta, desde la raíz a los frutos. Son de naturaleza diversa que va desde los carburos terpénicos, alcoholes, aldehídos, hasta las cetonas y otros. Obtenidos a partir de una materia prima vegetal, bien por arrastre con vapor, bien por procedimientos mecánicos. El aceite esencial se separa posteriormente de la fase acuosa por procedimientos físicos o mecánicos. (33)

### 2.4.5. Extracto

Un extracto es una sustancia obtenida por extracción de una parte de una materia prima, a menudo usando un solvente como etanol o agua. (43)

### 2.4.6. Región

Es un área geográfica que se caracteriza por tener el mismo clima, similares caracteres en cuanto a suelos, condiciones hidrográficas, la misma flora y fauna, es decir, una región donde los factores medio ambientales o ecológicos son los mismos y están en estrecha interdependencia. (48)

### 2.4.7. Taxonomía

Es la categorización o clasificación de cosas basado en un sistema predeterminado y tiene su origen en un vocablo griego que significa "ordenación". Se trata de la ciencia de la clasificación que se aplica en la biología para la ordenación sistemática y jerarquizada de los grupos de animales y de vegetales.

### 2.4.8. Piso altitudinal

Piso ecológico es el área geográfica con características y patrones específicos de un ecosistema diferenciado por el piso altitudinal que ocupa. (48)

## 2.4. HIPÓTESIS

### HIPOTESIS GENERAL

Es probable que el *Allium sativum* (Ajo) tenga mejores propiedades antifúngicas que el *Piper aduncum* (Matico), según los pisos altitudinales.

### HIPOTESIS ESPECIFICOS

- Es probable que el Ajo (*Allium sativum*) cultivado en la región Suni (Puno) tenga mejores propiedades antifúngicas que el Ajo cultivado en la región Quechua (Arequipa).

- Es probable que el Matico (*Piper aduncum*) la región Yunga Fluvial (sandia) tenga mejores propiedades antifúngicas que el Matico *(Piper aduncum)* Yunga Marítima (Quillabamba).

## 2.5.. OBJETIVOS DEL ESTUDIO

**OBJETIVO GENERAL**

"Comparar el efecto antifúngico in vitro del *Piper aduncum* (matico) y *Allium sativum* (ajo)
extraídos desde distintos pisos ecológicos en *cándida albicans* UNA-Puno 2013"

**OBJETIVOS ESPECIFICOS**

1. Determinar el efecto antifúngico sobre *Cándida albicans* del *Piper aduncum* (matico)
   recolectado de la región Yunga Fluvial (Sandia) a concentraciones de 50%, 75% y
   100% mediante el tamaño del halo inhibitorio a las 48h, 72h y 96h.

2. Determinar el efecto antifúngico sobre *Cándida albicans* del *Piper aduncum* (matico)
   recolectado de la región Yunga Marítima (Quillabamba) a concentraciones de 50%,
   75% y 100% mediante el tamaño del halo inhibitorio a las 48h, 72h y 96h.

3. Comparar los resultados del efecto antifúngico sobre *Cándida albicans* del *Piper
   aduncum* (matico) recolectado de las regiones Yunga Fluvial (Sandia) y Yunga
   Marítima (Quillabamba) a concentraciones de 50%, 75% y 100% mediante el tamaño
   del halo inhibitorio a las 48h, 72h y 96h.

4. Determinar el efecto antifúngico sobre *Cándida albicans* del *Allium sativum(ajo)*
   recolectado de la región Suni (Puno) a concentraciones de 50%, 75% y 100% mediante
   el tamaño del halo inhibitorio a las 48h, 72h y 96h.

5. Determinar el efecto antifúngico del *Allium sativum* (ajo) recolectado de la región
   Quechua (Arequipa) a concentraciones de 50%, 75% y 100% mediante el tamaño del
   halo inhibitorio a las 48h, 72h y 96h.

6. Comparar los resultados del efecto antifungico del *Allium sativum* (ajo) recolectado de
   las regiones Suni (Puno) y Quechua (Arequipa) a concentraciones de 50%, 75% y 100%
   mediante el tamaño del halo inhibitorio a las 48h, 72h y 96h.

7. Comparar ambos resultados finales del efecto antifúngico del *Allium sativum* (ajo) y
   *Piper aduncum* (matico) a concentraciones de 50%, 75% y 100% mediante el tamaño
   del halo inhibitorio en cepas de *Cándida albicans* a las 48h, 72h y 96h.

**CAPITULO III**

**MATERIALES Y MÉTODOS**

## 3.1.DISEÑO DEL ESTUDIO

El presente trabajo de investigación es de tipo experimental y longitudinal prospectivo.

**Tipo:** Experimental porque se manipulan las variables independientes para analizar los resultados.

**Diseño:** Longitudinal prospectivo por que la recolección de datos se realizó en tres tiempos distintos.

| TIEMPO | 48 HORAS | 72 HORAS | 96 HORAS | TOTAL |
|--------|----------|----------|----------|----------|
| G. C. | 40 Obs. | 40 Obs. | 40 Obs. | 120 Obs. |
| G. E. I | 60 Obús. | 60 Obs. | 60 Obs. | 180 Obs. |
|  | 60 Obs. | 60 Obs. | 60 Obs. | 180 Obs. |
| G. E. II | 60 Obs. | 60 Obs. | 60 Obs. | 180 Obs. |
|  | 60 Obs. | 60 Obs. | 60 Obs. | 180 Obs. |
| TOTAL | 280 Obs. | 280 Obs. | 280 Obs. | 840 Obs. |

POBLACION DE LA INVESTIGACION

Lo conforman todos los cultivos de *Cándida albicans*

## 3.2. MUESTRA DE LA INVESTIGACIÓN

Para esta investigación se hizo uso de la muestra dirigida la cual estuvo conformada por 70 placas de las cuales cada placa Petri tuvo 4 pozos de cultivos de cepas de *Cándida albicans* haciendo un total de 280 cultivos.

## 3.3. DISTRIBUCION DE LA MUESTRA

FIGURA Nro. 01

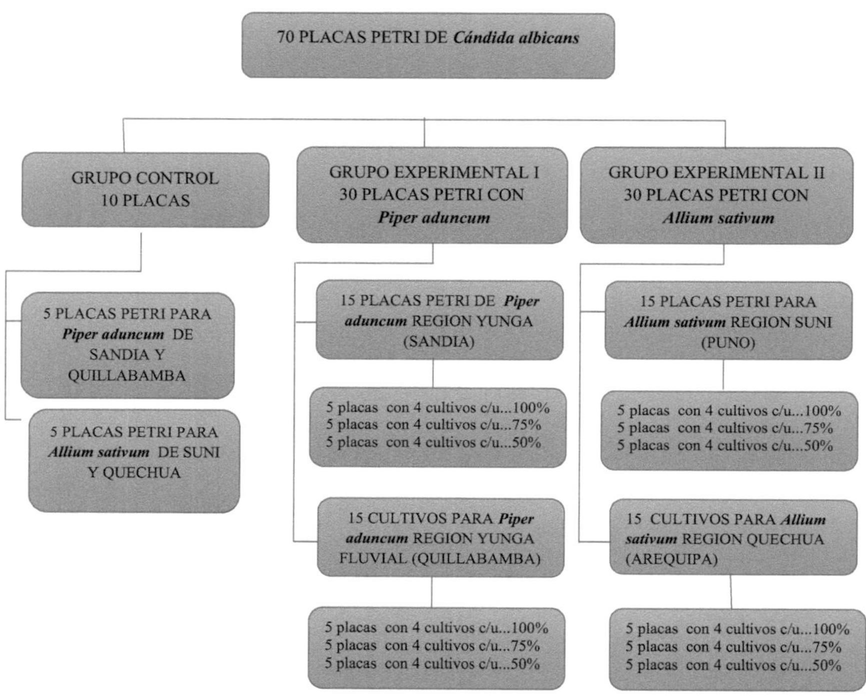


Fuente: Las investigadoras

## 3.4. VARIABLES Y SU OPERACIONALIZACION

### Variable dependiente

* *Cándida albicans*

### Variable independiente:

Sustancias experimentales

* *Piper aduncum* (Matico)  Aceite esencial al  100%, 75% y 50%
* *Allium sativum* (Ajo) Extracto puro  al  100%, 75% y 50%

### OPERACIONALIZACIÓN DE VARIABLES

| VARIABLE | DEFINICION | DIMENSION | INDICADOR | SUB - INDICADOR | CATEGORÍA | TIPO DE ESCALA |
|---|---|---|---|---|---|---|
| **Variable dependiente** *Cándida albicans* | Hongo oportunista de la cavidad bucal, se encuentra como parte de la flora normal estableciendo simbiosis con otros microorganismos. | Cepas de *Cándida albicans* |  | Grado de turbidez Mc Farland | 0.5 UCF/mL | Razon |
| **Variable Independiente** *Piper Aduncum* (Matico) | Es una planta cosmopolita de la familia de la pimienta, que crece en la costa, selva alta y baja y en los valles interandinos de la sierra. | Aceite esencial | Concentraciones<br>• 100%<br>• 75%<br>• 50% | Tamaño del Halo inhibitorio | mm de diámetro | Nominal |
| **Variable independiente** *Allium Sativum* (Ajo) | Es un tubérculo, más conocido como un condimento pero a través de los años se ha usado como una medicina para la prevención de enfermedades. | Extracto puro de ajo | Concentraciones<br>• 100%<br>• 75%<br>• 50% | Tamaño del Halo inhibitorio | mm de diámetro | Nominal |

### 3.2.TECNICA Y PROCEDIMIENTOS DE RECOLECCION DE DATOS

### 3.2.1.  TECNICA

- Observación estructurada

### 3.2.2.  INSTRUMENTO

- Ficha de recolección de datos

### 3.2.2.1. Validación de la ficha de recolección de con la prueba  piloto

Se usó como instrumento una ficha de recolección de datos la cual fue validada con la prueba pilotos; obteniéndose como resultado datos más significativos en los tres tiempos con respecto a los ajos y datos menos significativos en cuanto refiere a ambos maticos. (ANEXO Nro.04)

### 3.2.2.2. Validación de la sustancia a usar

En estas prueba pilotos realizados se obtuvo cuatro sustancias a escoger es decir para el *Piper aduncum*  matico de Sandia y Quillabamba se tuvo el aceite esencial y el extracto puro y para el *Allium sativum* ajo se tuvo el extracto hidroalcoholico y el extracto puro; por lo tanto para el caso del *Piper aduncum* se escogió el aceite esencial  ya que con esta se obtuvo mejores resultados y para el *Allium sativum* se escogio el extracto puro ya que se obtuvo  mayores tamaños de halos de inhibición en comparación al extracto hidroalcoholico en concentraciones y tiempos diferentes. (ANEXO Nro.04)

### 3.2.2.3. Calibración  Interexamindor de las dos Investigadoras

Para poder realizar las mediciones de los halos inhibitorios formados por los aceites de ambos tipos de matico y extractos de ambos ajos fue necesario estandarizar las mediciones de ambas investigadoras con la presencia del especialista de laboratorio de Microbiología siguiendo los parámetros de la **estadística Kappa,** con la siguiente formula respectiva:

$$\text{Cálculo: } P_0 = \frac{\text{Núm. Acuerdos}}{\text{Núm. Acuerdos} + \text{Núm. Desacuerdos}}$$

Interpretación: Valor adecuado de $K > 0{,}70$

Obteniéndose como resultado Kappa = 0.8 siendo aceptable por lo que se procedió a iniciar la investigación. (ANEXO Nro. 05)

### 3.2.3.  PROCEDIMIENTO

#### 3.2.3.1. Obtención de *Cándida albicans*

Las muestras de *Cándida albicans* se obtuvieron a partir de hisopados del paladar y el dorso de la lengua con hisopos estériles a seis pacientes cuyas identificaciones se reservan, estos hisopados fueron trasladados al laboratorio de microbiología de la facultad de Medicina Humana en tubos de ensayo contenidos con suero fisiológico, donde se realizaron los siguientes procedimientos que a continuación se explican.

#### 3.5.3.2. Cultivo de las muestras en Agar Saboraud

Una vez obtenida las muestras estas se cultivaron en 6 placas Petri en agar Saboraud Dextrosa para lo cual se usó 9.8g de agar y 100ml de agua destilada estéril y llevados a la incubadora por 48 horas. El cultivo se realizó en condiciones estériles según normas de laboratorio ya que el ingreso de otros microorganismos hubiese imposibilitado la obtención de cepas puras de *Cándida albicans*.

#### 3.5.3.3. Identificación de *Cándida albicans*

Para identificar las cepas de *Cándida albicans* se tomaron en cuenta las características macroscópicas como, microscópicas y pruebas bioquímicas que se le realizaron a los cultivos existentes dentro de la placa Petri, para la prueba bioquímica  se realizó un frotis en lámina portaobjeto, que consistió en colocar una gota de agua estéril en el centro de un portaobjetos, luego se flameo el asa de siembra y se tomó en condiciones asépticas una pequeña cantidad del cultivo  y se transfirió a la gota de agua. Se removió la mezcla con el asa de siembra hasta formar una extensión homogénea. Se dejó secar la preparación, se fijó al calor suave y en seguida se dio la coloración Gram para la identificación de *Cándida albicans*. Realizado el frotis y fijada la cepa de *Cándida albicans*, se realizó el examen microscópico determinando así las cepas.

#### 3.5.3.4. Aislado de cepas de *Cándida albicans*

Una vez reconocido macroscópicamente, microscópicamente el microorganismo requerido para el estudio, se procedió aislar dicho microorganismo para obtener cepas puras de *Cándida albicans* obtenidas de muestras tomadas de pacientes gestantes y portadores de prótesis.

### 3.5.3.5. Replicación y almacén de cepas *Cándida albicans*

Teniendo las cepas puras de *Cándida albicans*, estas se replicaron en placas Petri con cultivos de siembra de agar Saboraud, Dextrosa y su posterior almacén en tubos de ensayo con solución fisiológica, para luego ser utilizados en las 70 placas Petri con la finalidad de alcanzar nuestro objetivo de la investigación.

**FIGURA Nro. 02 OBTENCION DE** *Cándida albicans*

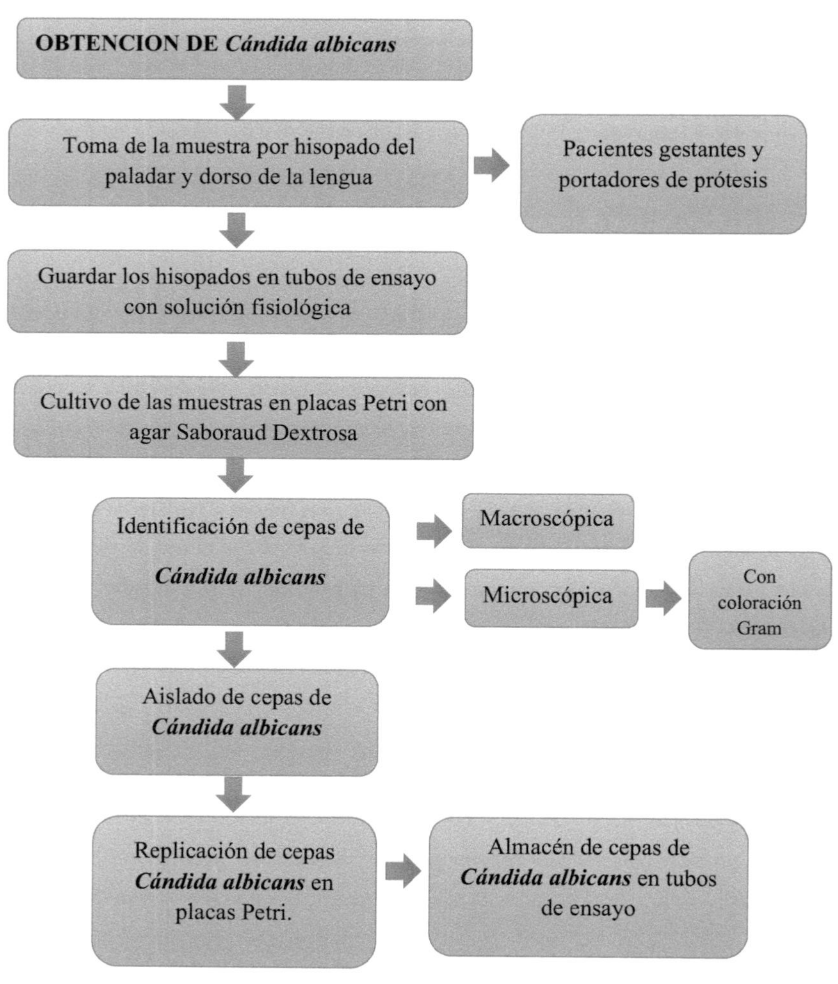

Fuente: Las investigadoras

### 3.2.3.2. Recolección del *Piper aduncum* (Matico)

Se recolectaron 4kg de **Piper aduncum (Matico de Sandia)** entre hojas y tallos en los
alrededores de la ciudad de Sandia se cortaron todas las hojas y parte del tallo ya que en estas
partes de la planta se encuentran todas las esencias después fueron trasladados al laboratorio de
procedimientos únicos de la Facultad de Ingeniería Química donde fueron separados las hojas
de los tallos.

La recolección del **Piper aduncum (Matico Quillabamba)** se realizó a los alrededores de la
ciudad de Quillabamba ya que crece al pie de los cerros y se obtuvieron 4Kg de *Piper aduncum*
cortándose a unos 15 cm por encima del suelo obteniéndose las hojas y parte del tallo, para su
posterior traslado hasta la Universidad Nacional del Altiplano al laboratorio de procedimientos
únicos de la Facultad de Ingeniería Química donde también fueron separados las hojas de los
tallos.

### A. Obtención del aceite esencial del *Piper aduncum* Matico de Sandia y Quillabamba

Ambos aceites esenciales se obtuvieron por la destilación en corriente de vapor o **arrastre de
vapor**en el equipo de que lleva el mismo nombre de la técnica. Esta técnica se fundamentaen
que la destilación por arrastre de **vapor de agua** esta técnica se logra por medio de la inyección
de vapor de agua directamente en el interior de la mezcla, denominándose este "vapor de
arrastre", pero en realidad su función no es la de "arrastrar" el componente volátil, sino
condensarse en el matraz formando otra fase inmiscible que cederá su calor latente a la mezcla
a destilar para lograr su evaporación. En este caso se tendrán la presencia de dos fases insolubles
a lo largo de la destilación (orgánica y acuosa), por lo tanto, cada líquido se comportará como
si el otro no estuviera presente. Es decir, cada uno de ellos ejercerá su propia presión de vapor
y corresponderá a la de un líquido puro a una temperatura de referencia. La condición más
importante para que este tipo de destilación pueda ser aplicado es que tanto el componente
volátil como la impureza sean insolubles en agua ya que el producto destilado volátil formo dos
capas al condensarse, lo cual permitio la separación del producto y del agua fácilmente. Una
vez que ambos maticos fueron colocados en este equipo se colocó en la pipeta de decantación

para separar el agua del aceite esencial después estos aceites se conservaron en pequeños frascos de color ámbar para proteger sus principios activos de la luz.

**B. Preparación en concentraciones**

Para la preparación en concentraciones **del aceite esencial del *Piper aduncum* (Matico) de Sandia y Quillabamba.** Se realizó la asepsia del campo de trabajo y los instrumentos a usar para la separación por concentraciones  con agua destilada de la siguiente forma: se obtuvo un total de 10 ml aceite esencial de *Piper aduncum* (matico) de Sandia y 10 ml aceite esencial de *Piper aduncum* (matico) de Quillabamba; para las concentraciones se fracciono  solo para las concentraciones de 75% Y 50% de la siguiente forma para  la concentración de 100%:= 3 ml aceite esencial  + 0 ml de agua destilada, 75%= 2.2 ml aceite esencial  + 0.8 ml agua destilada y 50%= 1.5 ml aceite esencial + 1.5 ml  agua destilada.

FIGURA Nro. 03   <u>RECOLECCION Y OBTENCION DEL *Piper aduncum* (MATICO)</u>

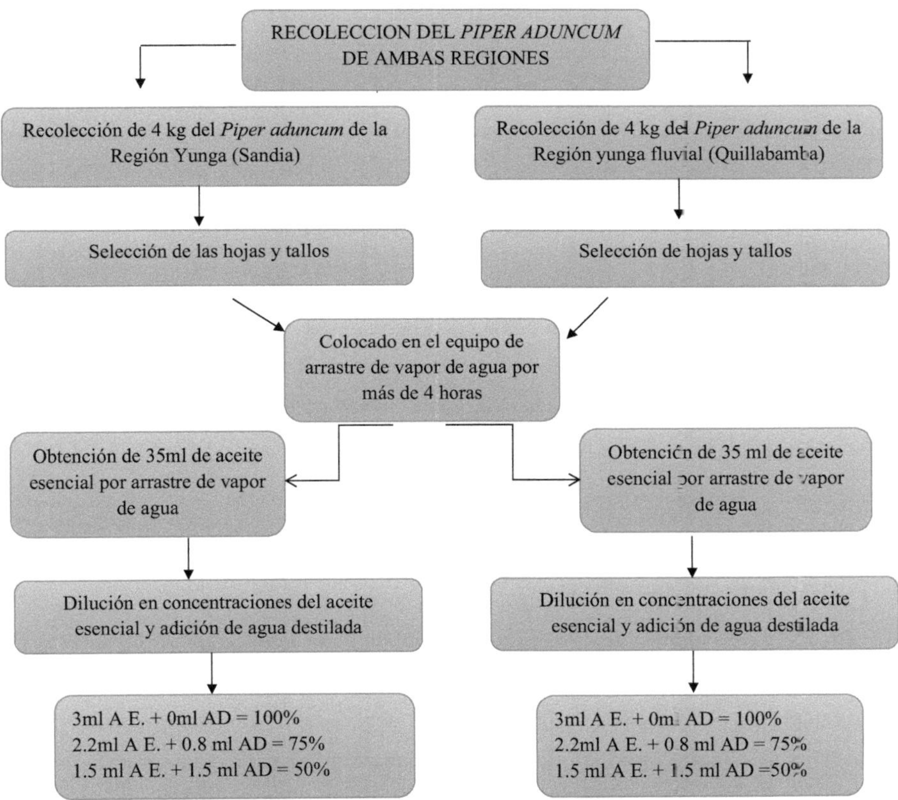


Fuente: Las investigadoras

### 3.2.3.3. Recolección del *Allium sativum* (Ajo)

La recolección del **Allium sativum** (Ajo de Puno) Se obtuvo de los invernaderos de la ciudad de Puno una cantidad de 4kg, cada uno de estos tubérculos se encontraba cubierto por una cascara delgada la cual protegía los principios activos de este tubérculo después fueron llevados al laboratorio de procedimientos únicos donde fueron separados de sus cascaras y posteriormente picados en trozos.

La recolección del *Allium sativum* **(Ajo de Arequipa)** La cantidad obtenida fue también de 4 kg A diferencia del ajo de Puno fue de fácil obtención. Se compró de los distribuidores mayoristas de verduras traídos de la ciudad de Arequipa lugar donde se cultiva el tubérculo, después fueron llevados al laboratorio de procedimientos únicos donde fueron retiradas las cáscaras y posterior picado en trozos.

**A. Obtención del extracto puro de *Allium sativum* (ajo) de Puno y Arequipa**

Los extractos puros de *Allium sativum* se obtuvieron por compresión mecánica o expresión procedimiento que consiste en aplastar el tubérculo hasta obtener un zuco, para esto se usó un mortero de madera estéril obteniéndose el extracto puro de *Allium sativum* de esta forma tratamos de conseguir directamente todos los principios activos de este tubérculo, después se guardó en frascos de color ámbar para proteger de los rayos de luz.

La compresión mecánica o expresión es una técnica que permite obtener los principios activos disueltos en los fluidos propios de la planta los cuales una vez extraídos se denominan jugo.

**B. Preparación en concentraciones**

Para extraer **el extracto puro de *Allium sativum* (ajo) de Puno y Arequipa al 100%. 75% y 50%.** Se realizó la asepsia del campo de trabajo y los instrumentos a usar. Para la separación por concentraciones se realizó de la siguiente forma: de un total de 34ml de extracto puro de ajo de Puno, se fraccionó para las tres concentraciones adicionando agua destilada en las concentraciones de 75% y 50% para llegar a nuestras concentraciones deseadas Para la de 100% = 11ml extracto puro + 0 de agua destilada, 75%= 8.25ml extracto puro + 2.8 agua destilada y para 50%= 5.5 ml extracto + 5.5 agua destilada. Para el ajo Arequipa se obtuvo un total de 34 ml de extracto puro; 100%:= 11 ml extracto puro + 0 de agua destilada, 75%= 8.25 ml extracto puro + 2.75 ml agua destilada y 50%= 5.5 ml extracto puro + 5.5 ml agua destilada.

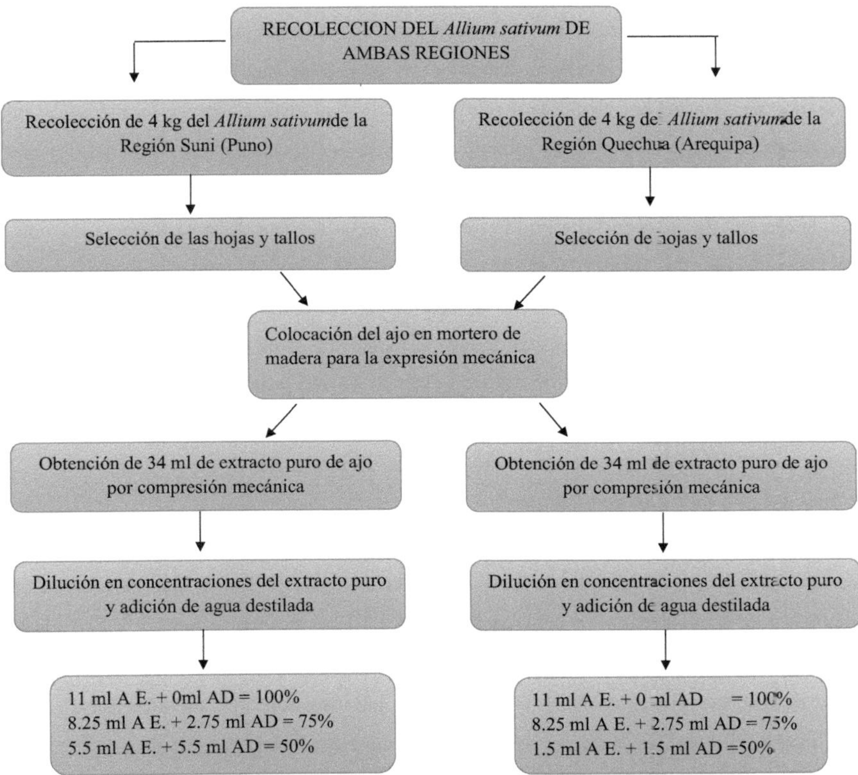


Fuente: Las investigadoras

### 3.2.3.4. Inoculación

**GRUPO EXPERIMENTAL I**

**A. Estandarización del inoculo de *Cándida albicans***

La estandarización del inoculo fue según escala de Mc Farland 0.5, para lo cual se prepararon 16 tubos de ensayo, que fueron distribuidos en grupos de cuatro de la siguiente manera: trabajando con los primer grupo de 4 tubos de ensayo; al primer tubo se le añadió 10 ml de solución fisiológica; a la cual se les inoculó con un asa estéril cepas de *Cándida albicans* de las ya almacenadas. A los otros 3 tubos solo se les añadió 9 ml de solución fisiológica, para la estandarización de las cepas al segundo tubo se le transfirió 1ml de la solución contenida con *Cándida albicans* del primer tubo. Al tercer y cuarto tubo también se le hizo el mismo procedimiento, de manera que el grado de turbidez se hacía más transparente, controlando la turbidez del inóculo, hasta obtener la misma turbidez que el patrón de Mc Farland 0.5., que equivale aproximadamente a 1- 2 x 108 UCF/mL. El mismo procedimiento se realizó para los otros tres grupos. Teniendo al final 4 cuartos tubos de 10 ml cada uno de turbidez muy clara con los que se trabajó y aplico en los cultivos de las 70 placas Petri.

**B. Inoculación de *Cándida albicans***

Después de ajustar la turbidez de la suspensión del inóculo, se procedió a sembrar el inóculo de *cándida albicans* por el método de Kirby Bauer en la cual con una jeringa de tuberculina se inoculo 0.5 ml de suspensión de cepas de *Cándida albicans* en toda la superficie de cada placa Petri luego se procedió al plaqueo manual de Agar Saboraud Dextrosa. Posteriormente se dejó enfriar el agar por 5 a 10 minutos, observando en todo momento las medidas de seguridad y esterilidad a fin de evitar cualquier contaminación durante el procedimiento.

**C. Preparación del medio de cultivo**

El medio agar Sabouraud Dextrosa previamente reconstituido, esterilizado, enfriado y mantenido a 45 °C, fue distribuido por plaqueo manual en las 70 placas petri inoculado anteriormente con 1 ml de suspensión del inóculo de *Cándida albicans* se procedió a homogenizar la suspensión de *Cándida albicans* y el agar Se dejó solidificar y se rotuló con el nombre del microorganismo.

**D. Perforación de los cultivos en cada una de las placas Petri**

Pasado el tiempo de solidificación de las 70 placas Petri inoculadas con 1 ml de *Cándida albicans*, se procedió a perforar las 30 placas Petri, haciendo 1 poso en cada uno de los cuatro cuadrantes divididos visualmente de cada una de las placas Petri con un sacabocados, para luego tener un total de 120 pozos de cultico.

## E. Colocación de discos de papel filtro en cada uno de los pozos de cultivo

Luego de realizado los 280 orificios en las 70 placas Petri, se colocaron 280 discos de papel filtro (previamente confeccionados con un perforador metálico estéril a partir de un pliego de papel filtro Nro. 3 y luego vuelto a esterilizados en un frasco). La colocación de cada uno de los discos en cada pozo de cultivo se hizo con pinzas pediátricas dentales, con sumo cuidado y presionadas hasta sentir que tocamos la base de la placa Petri, con la finalidad de que al momento de aplicar los aceites y extractos; estos no vayan a dispersarse.

## F. Inoculación de aceite esencial de ambos tipos de matico

Obtenido los aceites esenciales de los maticos a concentraciones del 100%, 75% y 50%, se procedieron a inocular con una micropipeta de 0.5 ml de capacidad el aceite esencial de matico, primero el aceite esencial de la región Yunga (Sandia) de la siguiente manera: aceite esencial de matico de Sandia al 100% a 5 placas Petri (20 pozos de cultivo con papel filtro), al 75% a 5 placas Petri (20 pozos de cultivo con papel filtro), al 50% a 5 placas Petri (20 pozos de cultivo con papel filtro); aceite esencial de matico de Quillabamba al 100% a 5 placas Petri (20 pozos de cultivo con papel filtro), al 75% a 5 placas Petri (20 pozos de cultivo con papel filtro), al 50% a 5 placas Petri (20 pozos de cultivo con papel filtro). Finalmente las muestras fueron llevadas con sumo cuidado a la incubadora.

## G. Incubación de los cultivos

Después de la colocación de los aceites esenciales en las pozos de cultivo, las 30 placas fueron llevadas a incubar a 37 °C por un periodo de 48 Horas, 72 Horas y 96 horas.

## H. Medición y toma de datos de los halos de inhibitorios a las 48h, 72h y 96h

Con un calibrador vernier o Pie de Rey fueron medidos los tamaños del halo inhibitorio, previa calibración con el especialista de laboratorio. La medición se hizo al diámetro mayor del halo inhibitorio de cada pozo de cultivo de *Cándida albicans*.

Después de las 48 horas de incubación, cada placa fue retirado de la incubadora y examinada y se procedió a la lectura de los diámetros de los halos inhibitorios, los cuales fueron medidos con el calibrador de vernier o Pie de Rey, el cual nos dio la medida individual de los halos en mm, formados en cada pozo de cultivo, luego las placas se volvieron a colocar en la incubadora este procedimiento fue realizado para la 72 y 96 horas.

**FIGURA Nro. 05 TECNICA Y PROCEDIMIENTO DE LABORATORIO PARA EL GRUPO EXPERIMENTAL I**

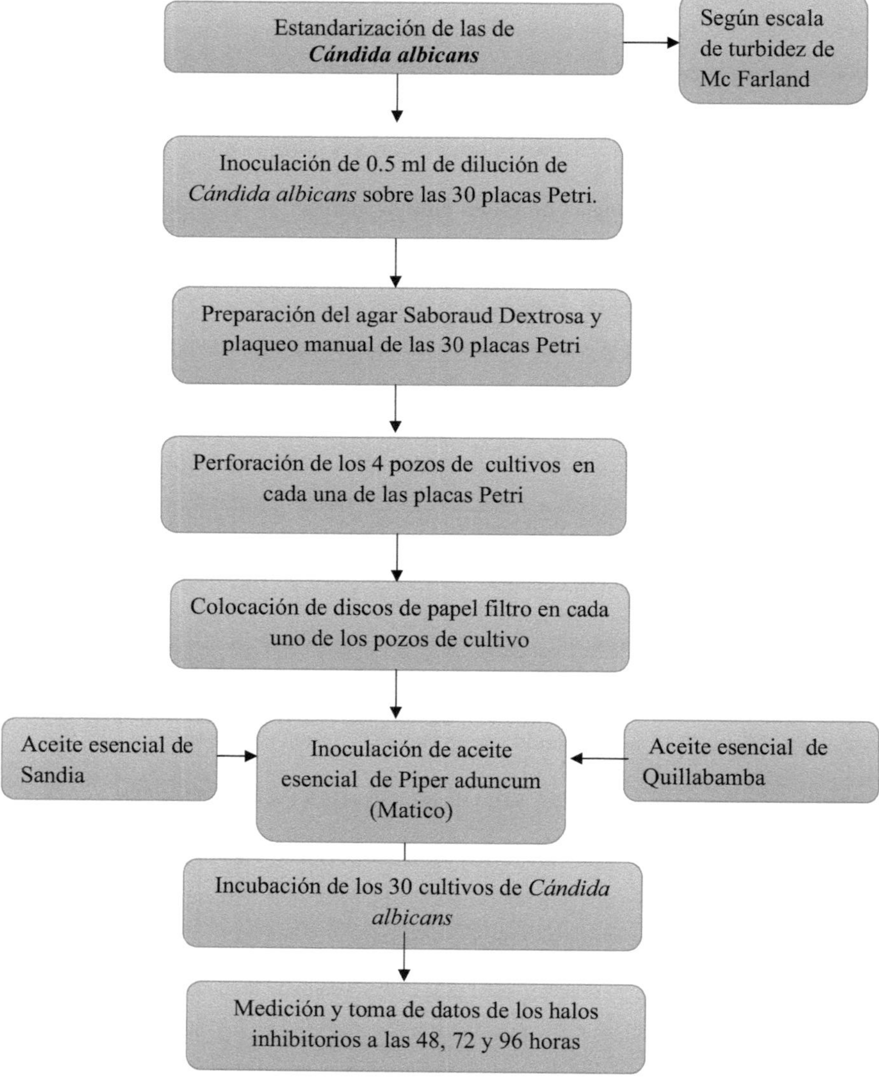


Fuente: Las investigadoras.

## GRUPO EXPERIMENTAL II

### A. Estandarización del inoculo de *Cándida albicans*

La estandarización del inoculo fue según escala de Mc Farland 0.5, para lo cual se prepararon 16 tubos de ensayo, que fueron distribuidos en grupos de cuatro de la siguiente manera: trabajando con los primer grupo de 4 tubos de ensayo; al primer tubo se le añadió 10 ml de solución fisiológica; a la cual se les inoculó con un asa estéril cepas de *Cándida albicans* de las ya almacenadas. A los otros 3 tubos solo se les añadió 9 ml de solución fisiológica, para la estandarización de las cepas al segundo tubo se le transfirió 1ml de la solución contenida con *Cándida albicans* del primer tubo. Al tercer y cuarto tubo también se le hizo el mismo procedimiento, de manera que el grado de turbidez se hacía más transparente, controlando la turbidez del inóculo, hasta obtener la misma turbidez que el patrón de Mc Farland 0.5., que equivale aproximadamente a 1- 2 x 108 UCF/ml. El mismo procedimiento se realizó para los otros tres grupos. Teniendo al final 4 cuartos tubos de 10 ml cada uno de turbidez muy clara con los que se trabajó y aplico en los cultivos de las 70 placas Petri.

### B. Inoculación de *Cándida albicans*

Después de ajustar la turbidez de la suspensión del inóculo, se procedió a sembrar el inóculo de *cándida albicans* por el método de Kirby Bauer en la cual con una jeringa de tuberculina se inoculo 0.5 ml de suspensión de cepas de *Cándida albicans* en toda la superficie de cada placa Petri luego se procedió al plaqueo manual de Agar Saboraud Dextrosa. Posteriormente se dejó enfriar el agar por 5 a 10 minutos, observando en todo momento las medidas de seguridad y esterilidad a fin de evitar cualquier contaminación durante el procedimiento.

### C. Preparación del medio de cultivo

El medio agar Sabouraud Dextrosa previamente reconstituido, esterilizado, enfriado y mantenido a 45 °C, fue distribuido por plaqueo manual en las 70 placas Petri inoculado anteriormente con 1 ml de suspensión del inóculo de *Cándida clbicans* se procedió a homogenizar la suspensión de *Cándida albicans* y el agar Se dejó solidificar y se rotuló con el nombre del microorganismo.

### D. Perforación de los cultivos en cada una de las placas Petri

Pasado el tiempo de solidificación de las 70 placas Petri inoculadas con 1 ml de *Cándida albicans*, se procedió a perforar las 30 placas Petri, haciendo 1 poso en cada uno de los cuatro cuadrantes divididos visualmente de cada una de las placas Petri con un sacabocados, para luego tener un total de 120 pozos de cultivos.

### E. Colocación de discos de papel filtro en cada uno de los pozos de cultivo

Luego de realizado los 280 orificios en las 70 placas Petri, se colocaron 280 discos de papel filtro (previamente confeccionados con un perforador metálico estéril a partir de un pliego de de papel filtro Nro. 3 y luego vuelto a esterilizados en un frasco). La colocación de cada uno de los discos en cada pozo de cultivo se hizo con pinzas pediátricas dentales, con sumo cuidado y presionadas hasta sentir que tocamos la base de la placa Petri, con la finalidad de que al momento de aplicar los aceites y extractos; estos no vayan a dispersarse.

### F. Inoculación del extracto puro de ambos tipos de *Allium sativum* (Ajos)

Obtenido los extractos puros de los ajos a concentraciones del 100%, 75% y 50%, se procedieron a inocular con una micropipeta de 0.5 ml de capacidad el extracto puro de ajo, primero el extracto puro de la región Suni (Puno) al 100% a 5 placas Petri (20 pozos de cultivo con papel filtro), al 75% a 5 placas Petri (20 pozos de cultivo con papel filtro), al 50% a 5 placas Petri (20 pozos de cultivo con papel filtro); extracto puro de ajo de Arequipa al 100% a 5 placas Petri (20 pozos de cultivo con papel filtro), al 75% a 5 placas Petri (20 pozos de cultivo con papel filtro), al 50% a 5 placas Petri (20 pozos de cultivo con papel filtro) Finalmente las muestras fueron llevadas con sumo cuidado evitando que se disperse fuera del disco de inhibición las sustancias con sumo cuidado a la incubadora.

### G. Incubación de los cultivos

Después de la colocación de los aceites esenciales en las pozos de cultivo, las 30 placas fueron llevadas a incubar a 37 °C por un periodo de 48 Horas, 72 Horas y 96 horas.

### H. Medición y toma de datos de los halos de inhibitorios a las 48h, 72h y 96h

Con un calibrador vernier o Pie de Rey fueron medidos los tamaños del halo inhibitorio, previa calibración con el especialista de laboratorio. La medición se hizo al diámetro mayor del halo inhibitorio de cada pozo de cultivo de *Cándida albicans*.

Después de las 48 horas de incubación, cada placa fue retirado de la incubadora y examinada y se procedió a la lectura de los diámetros de los halos inhibitorios, los cuales fueron medidos con el calibrador de vernier o Pie de Rey, el cual nos dio la medida individual de los halos en mm, formados en cada pozo de cultivo, luego las placas se volvieron a colocar en la incubadora este procedimiento fue realizado para la 72 y 96 horas.

**FIGURA Nro. 06 TECNICA Y PROCEDIMIENTO DE LABORATORIO PARA EL GRUPO EXPERIMENTAL II**

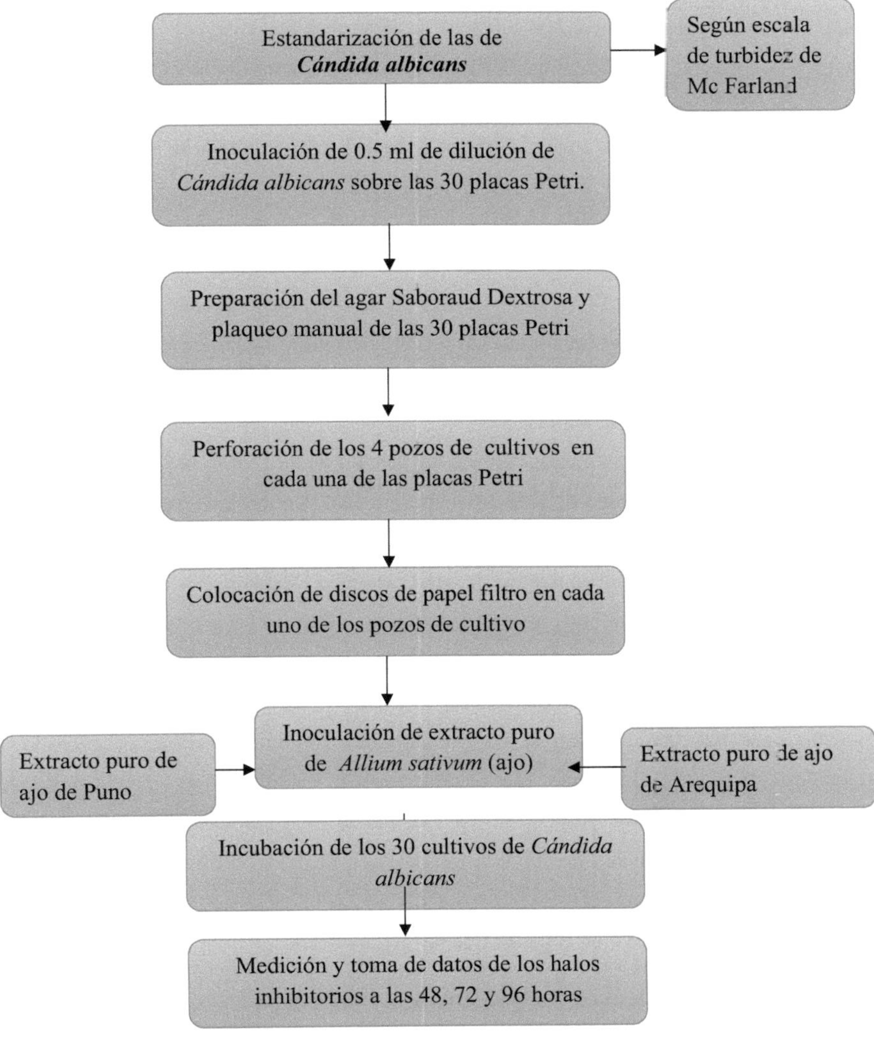


Fuente: Las investigadoras

GRUPO CONTROL

**A. Estandarización del inoculo de *Cándida albicans***

La estandarización del inoculo fue según escala de Mc Farland 0.5, para lo cual se prepararon 16 tubos de ensayo, que fueron distribuidos en grupos de cuatro de la siguiente manera: trabajando con los primer grupo de 4 tubos de ensayo; al primer tubo se le añadió 10 ml de solución fisiológica; a la cual se les inoculó con un asa estéril cepas de *Cándida albicans* de las ya almacenadas. A los otros 3 tubos solo se les añadió 9 ml de solución  fisiológica, para la estandarización de las cepas al segundo tubo se le transfirió 1ml de la solución contenida con *Cándida albicans* del primer tubo. Al tercer y cuarto tubo también se le hizo el mismo procedimiento, de manera que el grado de turbidez se hacía más transparente, controlando la turbidez del inóculo, hasta obtener la misma turbidez que el patrón de Mc Farland 0.5., que equivale aproximadamente a 1- 2 x 108 UCF/mL. El mismo procedimiento se realizó para los otros tres grupos. Teniendo al final 4 cuartos tubos de 10 ml cada uno de turbidez muy clara con los que se trabajó y aplico en los cultivos de las 70 placas Petri.

**B. Inoculación de *Cándida albicans***

Despúes de ajustar la turbidez de la suspensión del inóculo, se procedió a sembrar el inóculo de *cándida albicans* por el método de Kirby Bauer en la cual con una jeringa de tuberculina se inoculo 0.5 ml de suspensión de cepas de *Cándida albicans* en toda la superficie de cada placa Petri luego se procedió al plaqueo manual de Agar Saboraud Dextrosa. Posteriormente se dejó enfriar el agar  por 5 a 10 minutos, observando en todo momento las medidas de seguridad y esterilidad a fin de evitar cualquier contaminación durante el procedimiento.

**C. Preparación del medio de cultivo**

El medio agar Sabouraud Dextrosa previamente reconstituido, esterilizado, enfriado y mantenido a 45 °C, fue distribuido  por plaqueo manual en las 70 placas petri  inoculado anteriormente  con 1 mL de suspensión del inóculo de *Cándida albicans*  se procedió a homogenizar  la suspensión de *Cándida albicans* y el agar Se dejó solidificar y se rotuló con el nombre del microorganismo.

**D. Perforación de los cultivo en cada una de las placas Petri**

Pasado el tiempo de solidificación de las 70 placas Petri inoculadas con 1 ml de *Cándida albicans*, se procedió a perforar las 10 placas Petri, haciendo 1 poso en cada uno de los cuatro cuadrantes divididos visualmente de cada una de las placas Petri con un sacabocados, para luego tener un total de 120 pozos de cultico.

**E. Colocación de discos de papel filtro en cada uno de los pozos de cultivo**

Luego de realizado los 280 orificios en las 70 placas Petri, se colocaron 280 discos de papel filtro (previamente confeccionados con un perforador metálico estéril a partir de un pliego de papel filtro Nro. 3 y luego vuelto a esterilizados en un frasco). La colocación de cada uno de los discos en cada pozo de cultivo se hizo con pinzas pediátricas dentales, con sumo cuidado y presionadas hasta sentir que tocamos la base de la placa Petri, con la finalidad de que al momento de aplicar los aceites y extractos; estos no vayan a dispersarse

**F. Inoculación de agua destilada**

Para el grupo control solo se tomaron 10 placas Petri para las tres concentraciones a los cuales solo se les inoculo agua destilada a cada pozo de cultivo de las 10 placas Petri. Finalmente las muestras fueron llevadas con sumo cuidado a la incubadora.

**G. Incubación de los cultivos**

Después de la colocación de los aceites esnciales en las pozos de cultivo, las 30 placas fueron llevadas a incubar a 37 °C por un periodo de 48 Horas, 72 Horas y 96 horas.

**H. Medición y toma de datos de los halos de inhibitorios a las 48h, 72h y 96h**

Con un calibrador vernier o Pie de Rey fueron medidos los tamaños del halo inhibitorio, previa calibración con el especialista de laboratorio. La medición se hizo al diámetro mayor del halo inhibitorio de cada pozo de cultivo de *Cándida albicans*.

Después de las 48 horas de incubación, cada placa fue retirado de la incubadora y examinada y se procedió a la lectura de los diámetros de los halos inhibitorios, los cuales fueron medidos con el calibrador de vernier o Pie de Rey, el cual nos dio la medida individual de los halos en mm, formados en cada pozo de cultivo, luego las placas se volvieron a colocar en la incubadora este procedimiento fue realizado para la 72 y 96 horas.

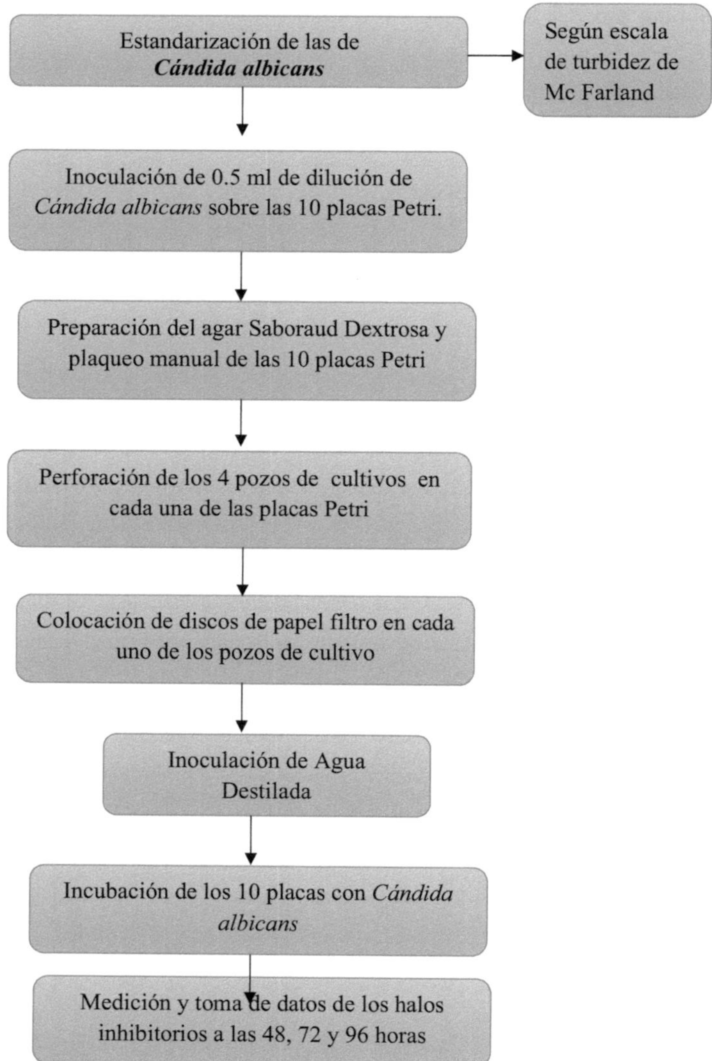


Fuente: Las investigadoras

## 3.7. CONSIDERACIONES ÉTICAS

1. Se obtuvo el permiso correspondiente para hacer uso del laboratorio de Procedimientos únicos de la Facultad de Ingeniería Química donde fueron extraidos el aceite esencial de de *Piper anduncum* (matico) y el extracto puro de *Allium sativum* (ajo.) (ANEXO 01)

2. Se obtuvo el permiso correspondiente para hacer uso del laboratorio de microbiología de la Facultad de Medicina Humana, donde se han realizado los cultivos de las cepas de *Cándida albicans* y la inoculación de ambos tratamientos. (ANEXO 02)

## 3.8. ANÁLISIS ESTADÍSTICO

Los resultados obtenidos, se analizaron mediante el análisis de varianza (ANOVA) en dos vías, correspondiente a los factores concentraciones y tiempos de medición del halo de inhibición. El modelo lineal aditivo utilizado en los análisis de varianza respectivos fue el siguiente:

$$Y_{ij} = \mu + \alpha_i + \beta_j + \varepsilon_{ij}$$

Donde:

$Y_{ij}$ = Variable de respuesta (halo en mm)

$\mu$ = Promedio general

$\alpha_i$ = Efecto de la i-ésima (concentración del extracto)

$\beta_j$ = Efecto de la i-esimo (tiempo de medición del halo)

$\varepsilon_{ij}$ = Efecto del error experimental

En el caso de que los factores en estudio presentaron diferencia estadística significativa, se procedió a realizar las pruebas de rango múltiple de Duncan ($\alpha$=0.05) respectivas, para obtener el análisis comparativo de diferencias especificas entre las concentraciones y horas de medición del halo de inhibición.

### 3.8.1. Prueba de rango múltiple de Duncan.

**Procedimiento**:

1) Encontrar el error estándar de la media: $S_{\bar{X}}$

$$S_{\bar{X}} = \sqrt{\frac{2CM_{EE}}{r}}$$

     r      : Número de repeticiones

     $CM_{EE}$ : Cuadrado Medio del Error Experimental

2) Encontrar la Amplitud Estudiantizada Significativas de Duncan: AES(D)

$$AES(D) = D_{(t-1,\, GL_{EE})\,;\,\alpha}$$

3) Determinar la Amplitud Límite de Significación de DUNCAN:

     Amplitud Límite de Significación de Duncan: ALS (D)

$$ALS(D) = AES(D)S_{\bar{X}}$$

4) Ordenar los promedios de los tratamientos en serie por su magnitud en forma decreciente y realizar las diferencias de medias entre pares de tratamientos.

**CAPITULO IV**

**CARACTERIZACION DEL AREA DE INVESTIGACION**

## 4.1. AMBITO GENERAL

El Perú se encuentra ubicado en la región central y occidental de América del Sur. Frente al Océano Pacífico, entre los paralelos 0°2' y los 18° 21'34'' de latitud sur y los meridianos 68° 39'7'' y los 81° 20'13'' de longitud. Limita al norte con Ecuador y Colombia, al este con Brasil, al sureste con Bolivia y al sur con Chile. (37). Cuenta con un área de 1`285,215 km2 que lo ubican entre los veinte países más grandes del mundo y el Tercer país de Sudamérica en extensión después de Brasil y Argentina y tiene tres regiones geográficas muy marcadas: Costa, Sierra y Selva.

Efectivamente, el Perú tiene un territorio extenso y mega-diverso ubicado estratégicamente en la zona central de Sudamérica sobre el océano más vasto del planeta. Su posición geográfica lo proyecta a través del río Amazonas y el Brasil al Océano Atlántico. La Cordillera de los Andes que atraviesa el Perú lo une con Ecuador, Colombia, Bolivia, Venezuela, Chile y Argentina, a través de vías que siguen muchas veces el trazo de los legendarios caminos Incas.

El Perú es un país con un territorio que tiene casi todos los climas del planeta, con notables recursos naturales, mineros y energéticos (38)

## 4.2. AMBITO ESPECÍFICO

a. **Puno.** Es una ciudad antigua, encerrada entre una cordillera circunlacustre que rodean la bahía de Puno por el Este, limita con los cerros Azoguini por el Nor Oeste, Machallata por el Norte y el Cancharani por el Sur y recostada en las faldas del Pirhuapirhuani y el Qimsa Cruz, con su breve montículo el Huacsapata, está en una cuenca en forma de herradura. Tal enclave constituye una restricción a la posibilidad de crecimiento de la ciudad de Puno que se encuentra situada en una ladera.

b. **Sandia.** Su capital es la bella, apacible y exuberante Ciudad de Santiago Apóstol de Sandia o simplemente Sandia, ubicado a 2,180 m.s.n.m. a 258 km de la capital del departamento Puno, en un estrecho valle bordeado por los ríos Sandia que es naciente del caudaloso Inambari y el río de Chicha naco nacido de la influencia Vi anaco y Chicha naco

47

su radio urbano es reducido debido a la topografía del terreno. La provincia de Sandia se encuentra en ceja de selva por eso tiene un clima templado y presenta una gran biodiversidad de flora y fauna

c. **Arequipa.** Se encuentra ubicada al Suroeste del Perú, con una extensión de 63,345.39 Km2, que representa el 4.9% del total de la extensión del País, tiene una altitud de 2,335 m.s.n.m. y limita por el Este con los departamentos de Puno y Moquegua, por el Norte con los departamentos de Ica, Ayacucho, Apurímac y Cusco, Por el Sur y Oeste con el Océano Pacífico.

Presenta cinco de los ocho pisos ecológicos que el país tiene y puede decirse que su suelo es fértil para producir lo que estos pisos ecológicos permitan. (30)

d. **Quillabamba.** Es una localidad peruana. Es la capital de la <u>Provincia de La Convención</u>, la cual está ubicada en el <u>Departamento del Cusco</u>, perteneciente a la <u>Región Cusco</u>. Se ubica a 1050 msnm. Conocida como la ciudad del eterno verano es un lugar de clima agradable cálido y húmedo. Debido a la influyente gravitación de la Cordillera Oriental de Los Andes tienen un clima variado en general, por sus diferentes pisos ecológicos que va desde caluroso y húmedo en la selva bajo el Pongo de Maynique, hasta fríos intensos y secos en las alturas de Santa Teresa y Vilcabamba. Durante el verano la provincia tiene la particularidad de ser lluviosa.

## 4.3. AMBITO ESPECÍFICO

Universidad nacional del Altiplano Situado en Av. Floral 1153, Barrio Bellavista de la ciudad de Puno, esta casa de estudios que actualmente cuenta con 35 carreras profesionales; cada una con su respectiva infraestructura entre aulas y laboratorios; es asi que para esta investigación se hizo uso de los laboratorios de **Ingeniería Química y Medicina Humana,** dichos laboratorios de ambas facultades de la UNA –Puno se encuentran equipados.

# CAPITULO V

## RESULTADOS

**TABLA 1**: EFECTO ANTIFUNGICO OBTENIDO DE LA APLICACIÓN DEL ACEITE ESENCIAL DE *Piper aducum* (MATICO) DE LA REGION YUNGA FLUVIAL (SANDIA) SEGÚN EL TAMAÑO DEL HALO INHIBITORIO SOBRE *Cándida albicans*

| CONCEN TRACION | CONCENTRACION 100% | | | CONCENTRACION 75% | | | CONCENTRACION 50% | | |
|---|---|---|---|---|---|---|---|---|---|
| TIEMPO | 48H | 72H | 96H | 48h | 72h | 96h | 48h | 72h | 96h |
| D. MÍNIMO (mm) | 7.5 | 6.5 | 0 | 6 | 5 | 0 | 5 | 0 | 0 |
| D. MÁXIMO (mm) | 9 | 8 | 0 | 7.5 | 6.5 | 0 | 6 | 0 | 0 |
| PROMEDIO | 8.25 | 7.38 | 0.00 | 6.72 | 5.50 | 0.00 | 5.63 | 0.00 | 0.00 |
| D.E | 0.50 | 0.46 | 0.00 | 0.51 | 0.54 | 0.00 | 0.39 | 0.00 | 0.00 |

Al comparar el diámetro del halo de inhibición obtenido de la aplicación del aceite esencial de *Piper aduncum* (matico) de la región Yunga (Sandia) sobre la *Cándida albicans,* observamos que la concentración de aceite esencial al 100% obtuvo mayor halo inhibitorio (8.25 mm) con una desviación estándar de 0.50  a comparación de las concentraciones de 75% (6.72)  y 50% (5.63 mm) respectivamente; sin embargo se observa que las tres concentraciones obtuvieron el mayor halo inhibitorio a las 48h.

**TABLA 1.1**: ANALISIS DE VARIANZA DEL EFECTO ANTIFUNGICO OBTENIDO DE LA APLICACIÓN DEL ACEITE ESENCIAL DE *Piper aduncum* MATICO DE LA REGION YUNGA FLUVIAL (SANDIA) SOBRE *Cándida albicans*

| F.V. | G.L | S.C | C.M | Fc | Pr > F |
|---|---|---|---|---|---|
| **CONCENTRACIONES** | 2 | 4.56503138 | 2.28251569 | 74.05 | <.0001 ** |
| **TIEMPOS** | 2 | 22.71390019 | 11.35695009 | 368.43 | <.0001** |
| **ERROR** | 175 | 5.39435070 | 0.03082486 | | |
| **TOTAL** | 179 | 32.67328227 | | | |

** Diferencia altamente significativa (P<0.01)

El análisis de varianza de los diámetros del halo de inhibición, indica la existencia de diferencias estadísticas altamente significativas (P<0.01) para las concentraciones de *Piper aduncum* (matico) de la región Yunga utilizadas, así como para los tiempos de medición, por lo cual se determina que el efecto de ambos factores en estudio presentan una respuesta diferente respecto a la acción anti fúngica. Se prosiguió con la prueba de rango múltiple de Duncan para las comparaciones específicas.

**TABLA 1.2**: PRUEBA DE DUNCAN DEL EFECTO ANTIFUNGICO OBTENIDO A PARTIR DE LA APLICACIÓN DEL ACEITE ESENCIAL DE *Piper aducum* MATICO DE LA REGION YUNGA FLUVIAL (SANDIA) SOBRE *Cándida albicans* SEGÚN CONCENTRACION UTILIZADA

| GRUPOS DE DUNCAN | PROMEDIO | N | CONCENTRACIÓN (%) |
|---|---|---|---|
| **A** | 5.20 | 60 | 100 |
| **B** | 4.07 | 60 | 75 |
| **C** | 1.87 | 60 | 50 |

Promedios con diferente letra son estadísticamente diferentes (P<0.05)

La prueba de Duncan indica que la concentración de 100% del aceite esencial de *Piper aduncum* (matico) de la región Yunga presenta el mayor promedio del halo de inhibición con 5.20 mm, estadísticamente superior al resto de concentraciones (P<0.05), la concentración de 75% de extracto presenta un promedio de inhibición de 4.07 mm y la concentración de 50% un promedio del halo de 1.87 mm, siendo ambos estadísticamente diferentes entre si (P<0.05).

**TABLA 1.3**: PRUEBA DE DUNCAN  DEL EFECTO ANTIFUNGICO OBTENIDO A PARTIR DE LA APLICACIÓN DEL ACEITE ESENCIAL DE  *Piper aducum* MATICO DE LA REGION YUNGA  FLUVIAL (SANDIA) SOBRE *Cándida albicans* SEGÚN TIEMPO OBSERVADO

| GRUPOS DE DUNCAN | PROMEDIO | N | TIEMPO (HORAS) |
|---|---|---|---|
| A | 6.86 | 60 | 48 |
| B | 4.29 | 60 | 72 |
| C | 0.00 | 60 | 96 |

Promedios con diferente letra son estadísticamente diferentes (P<0.05)

La prueba de Duncan para los tiempos de medición, señala que la medición realizada a las 48 horas presenta el mayor promedio del diámetro del halo con 6.86 mm estadísticamente superior al resto (P<0.05), la medición realizada a las 72 horas presenta un promedio del halo de 4.29 mm, mientras que la medición de 96 horas presenta el menor promedio con 0.00 mm, existiendo diferencia estadística entre ambos (P<0.05).

**FIGURA 1**: EFECTO ANTIFUNGICO OBTENIDO A PARTIR DE LA APLICACIÓN DEL ACEITE ESENCIAL DE *Piper aduncum* MATICO DE LA REGION YUNGA FLUVIAL (SANDIA) SOBRE *Cándida albicans*

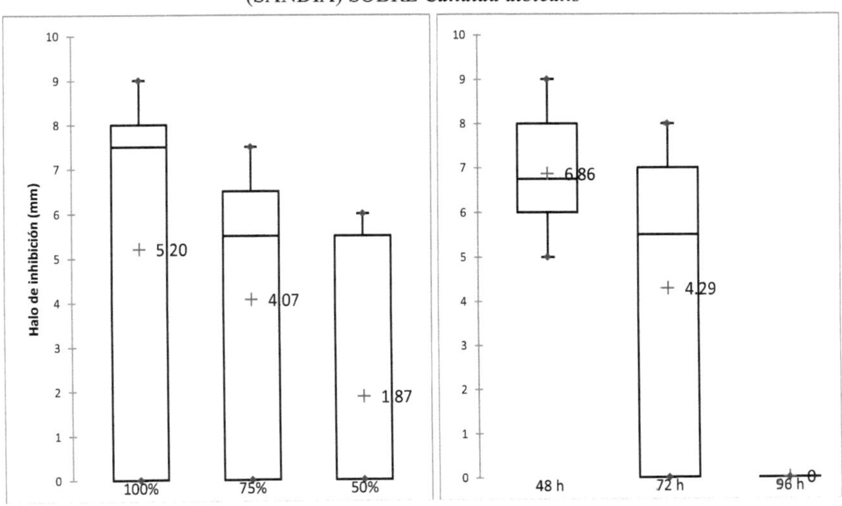

**TABLA 2**: EFECTO ANTIFUNGICO OBTENIDO DE LA APLICACIÓN DEL ACEITE ESENCIAL DE *Piper aducum (*MATICO) DE LA REGION YUNGA MARITIMA (QUILLABAMBA) SEGÚN EL TAMAÑO DEL HALO INHIBITORIO SOBRE *Cándida albicans*

| CONCEN TRACION | CONCENTRACION 100% | | | CONCENTRACION 75% | | | CONCENTRACION 50% | | |
|---|---|---|---|---|---|---|---|---|---|
| **TIEMPO** | **48H** | **72H** | **96H** | **48h** | **72h** | **96h** | **48h** | **72h** | **96h** |
| **D. MÍNIMO (mm)** | 7.5 | 7 | 7 | 6 | 5.5 | 0 | 6 | 0 | 0 |
| **D.MÁXIMO (mm)** | 10 | 10 | 10 | 8.5 | 8 | 0 | 8 | 0 | 0 |
| **PROMEDIO** | 9.00 | 8.28 | 8.28 | 7.45 | 6.73 | 0.00 | 6.58 | 0.00 | 0.00 |
| **D.E** | 0.71 | 0.91 | 0.91 | 0.67 | 0.70 | 0.00 | 0.57 | 0.00 | 0.00 |

Al comparar el diámetro del halo de inhibición obtenido de la aplicación del aceite esencial de *Piper aduncum* (matico) de la región Yunga Fluvial (Quillabamba) sobre la *Cándida albicans*, observamos que la concentración de aceite esencial al 100% obtuvo mayor halo inhibitorio (9.00 mm) con una desviación estándar de 0.71 a comparación de las concentraciones de 75% (7.45 mm) y 50% (6.58 mm) respectivamente; sin embargo se observa que las tres concentraciones obtuvieron el mayor halo inhibitorio a las 48h.

**TABLA 2.1**: ANALISIS DE VARIANZA DEL EFECTO ANTIFUNGICO OBTENIDO A PARTIR DE LA APLICACIÓN DEL ACEITE ESENCIAL DE *Piper aducum* MATICO DE LA REGION YUNGA MARITIMA (QUILLABAMBA) SOBRE *Cándida albicans*

| F.V. | G.L | S.C | C.M | Fc | Pr > F |
|---|---|---|---|---|---|
| **CONCENTRACIONES** | 2 | 15.33920194 | 7.66960097 | 143.81 | <.0001** |
| **TIEMPOS** | 2 | 10.85182663 | 5.42591331 | 101.74 | <.0001** |
| **ERROR** | 175 | 9.33294475 | 0.05333111 | | |
| **TOTAL** | 179 | 35.52397332 | | | |

** Diferencia altamente significativa (P<0.01)

El análisis de varianza de los diámetros del halo de inhibición, indica la existencia de diferencias estadísticas altamente significativas (P<0.01) para las concentraciones de *Piper aduncum* (matico) colectado en Quillabamba, así como para los tiempos de medición, por lo cual se determina que el efecto de ambos factores en estudio presentan una respuesta diferente respecto a la acción anti fúngica mostrada. Se prosiguió con la prueba de rango múltiple de Duncan para las comparaciones específicas.

**TABLA 2.2:** PRUEBA DE DUNCAN DEL EFECTO ANTIFUNGICO OBTENIDO A PARTIR DE LA APLICACIÓN DEL ACEITE ESENCIAL DE *Piper aducum* MATICO DE LA REGION YUNGA MARITIMA (QUILLABAMBA) SOBRE *Cándida albicans* SEGÚN CONCENTRACION UTILIZADA

| GRUPOS DE DUNCAN | PROMEDIO | N | CONCENTRACIÓN (%) |
|:---:|:---:|:---:|:---:|
| A | 8.51 | 60 | 100 |
| B | 4.72 | 60 | 75 |
| C | 2.19 | 60 | 50 |

Promedios con diferente letra son estadísticamente diferentes (P<0.05)

La prueba de Duncan indica que la concentración de 100% del extracto de matico presenta el mayor promedio del halo de inhibición con 8.51 mm, estadísticamente superior al resto de concentraciones (P<0.05), la concentración de 75% de extracto presenta un promedio de halo de inhibición de 4.72 mm y la concentración de 50% un promedio del halo de 2.19 mm, siendo ambos estadísticamente diferentes entre si (P<0.05).

**TABLA 2.3:** PRUEBA DE DUNCAN DEL EFECTO ANTIFUNGICO OBTENIDO A PARTIR DE LA APLICACIÓN DEL ACEITE ESENCIAL DE *Piper aducum* MATICO DE LA REGION YUNGA MARITIMA (QUILLABAMBA) SOBRE *Cándida albicans* SEGÚN TIEMPO OBSERVADO

| GRUPOS DE DUNCAN | PROMEDIO | N | TIEMPO (HORAS) |
|:---:|:---:|:---:|:---:|
| A | 7.67 | 60 | 48 |
| B | 5.00 | 60 | 72 |
| C | 2.75 | 60 | 96 |

Promedios con diferente letra son estadísticamente diferentes (P<0.05)

La prueba de Duncan para los tiempos de medición, señala que la medición realizada a las 48 horas presenta el mayor promedio del diámetro del halo con 7.67 mm estadísticamente superior al resto (P<0.05), la medición realizada a las 72 horas presenta un promedio del halo de 5.00 mm, mientras que la medición de 96 horas presenta el menor promedio con 2.75 mm, existiendo diferencia estadística entre ambos (P<0.05).

**FIGURA 2:** EFECTO ANTIFUNGICO  OBTENIDO A PARTIR DE LA APLICACIÓN DEL ACEITE ESENCIAL DE  *Piper aducum* MATICO DE LA REGION YUNGA MARITIMA (QUILLABAMBA) SOBRE *Cándida albicans*

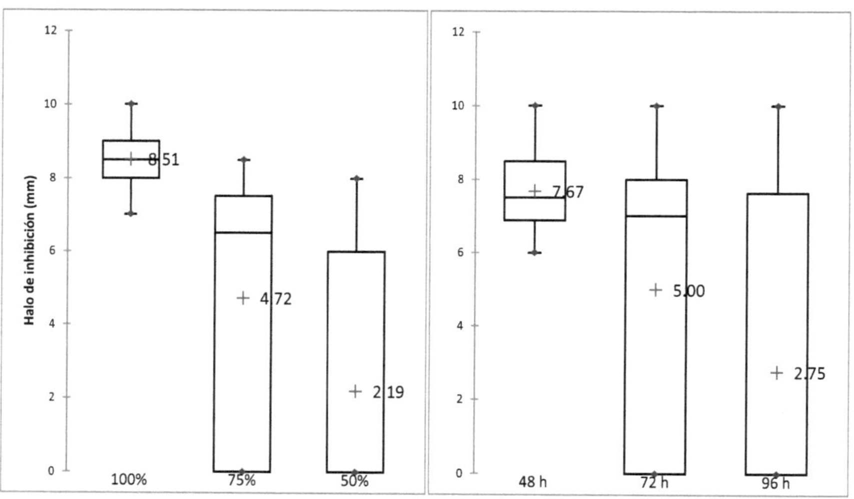

**TABLA 3**: EFECTO ANTIFUNGICO OBTENIDO DE LA APLICACION DEL ACEITE ESENCIAL DE *Piper aduncum* MATICO DE LAS REGIONES YUNGA FLUVIAL (SANDIA) Y YUNGA MARITIMA (QUILLABAMBA) SOBRE *Cándida albicans*

| LUGAR | SANDIA | | | QUILLABAMBA | | |
|---|---|---|---|---|---|---|
| **CONCEN TRACION** | 100% | 75% | 50% | 100% | 75% | 50% |
| **D. MÍNIMO** (mm) | 0 | 0 | 0 | 7 | 0 | 0 |
| **D. MÁXIMO** (mm) | 9 | 7.5 | 6 | 10 | 8.5 | 8 |
| **PROMEDIO** | 5.21 | 4.07 | 1.87 | 8.51 | 4.72 | 2.19 |
| **D.E** | 3.75 | 2.97 | 2.68 | 0.91 | 3.42 | 3.14 |

Al realizar ambas comparaciones el diámetro del halo de inhibición obtenido de la aplicación del aceite esencial de *Piper aduncum* (matico) de la región Yunga (Sandia) y la región Yunga Fluvial (Quillabamba) sobre la *Cándida albicans,* observamos que la concentración de aceite esencial de la región Yunga Fluvial al 100% obtuvo mayor halo inhibitorio (8.51 mm) con una desviación estándar de 0.91 a comparación de la región Yunga al 100% (5.21 mm) de halo inhibitorio con una desviación estándar de 3.75.

**TABLA 3.1**: ANALISIS DE VARIANZA DEL EFECTO ANTIFUNGICO OBTENIDO A PARTIR DE LA APLICACIÓN DEL ACEITE ESENCIAL DE *Piper aduncum* MATICO DE LAS REGIONES DE YUNGA FLUVIAL (SANDIA) Y YUNGA MARITIMA (QUILLABAMBA) SOBRE *Cándida albicans*

| F.V. | G.L | S.C | C.M | Fc | Pr > F |
|---|---|---|---|---|---|
| **LUGARES** | 1 | 2.03321731 | 2.03321731 | 14.36 | 0.0003** |
| **CONCENTRACIONES** | 2 | 17.80285528 | 8.90142764 | 62.88 | <.0001** |
| **ERROR** | 356 | 50.39440032 | 0.14155730 | | |
| **TOTAL** | 359 | 70.23047290 | | | |

** Diferencia altamente significativa (P<0.01)

El análisis de varianza de los diámetros del halo de inhibición, indica la existencia de diferencias estadísticas altamente significativas (P<0.01) para los lugares de origen del matico (*Piper aducum)*, así como para las concentraciones del extracto, por lo cual se determina que el efecto de ambos factores en estudio presentan una respuesta diferente respecto a la acción anti fúngica mostrada. Se prosiguió con la prueba de rango múltiple de Duncan para las comparaciones específicas.

**TABLA 3.2**: PRUEBA DE DUNCAN PARA EL EFECTO ANTIFUNGICO  OBTENIDO A PARTIR DE LA APLICACIÓN DEL ACEITE ESENCIAL DE  *Piper aducum* MATICO DE LAS REGIONES DE YUNGA FLUVIAL (SANDIA) Y  YUNGA MARITIMA (QUILLABAMBA) SOBRE *Cándida albicans* **SEGÚN LUGAR DE ORIGEN**

| GRUPOS DE DUNCAN | PROMEDIO | N | LUGAR |
|---|---|---|---|
| A | 5.14 | 180 | Quillabamba |
| B | 3.72 | 180 | Sandia |

Promedios con diferente letra son estadísticamente diferentes (P<0.05)

La prueba de Duncan muestra la existencia de diferencia estadística significativa (P<0.05) para el halo de inhibición obtenido a partir de las plantas de matico procedentes de Quillabamba con promedio de 5.14 mm, para las plantas procedentes de Sandia el promedio fue menor de 3.72 mm de diámetro de halo de inhibición.

**TABLA 3.3**: PRUEBA DE DUNCAN PARA EL EFECTO ANTIFUNGICO  OBTENIDO A PARTIR DE LA APLICACIÓN DEL ACEITE ESENCIAL DE  *Piper aducum* MATICO DE LAS REGIONES DE YUNGA FLUVIAL (SANDIA) Y  YUNGA MARITIMA (QUILLABAMBA) SOBRE *Cándida albicans* SEGÚN CONCENTRACION UTILIZADA

| GRUPOS DE DUNCAN | PROMEDIO | N | CONCENTRACIÓN (%) |
|---|---|---|---|
| A | 6.86 | 120 | 100 |
| B | 4.40 | 120 | 75 |
| C | 2.03 | 120 | 50 |

Promedios con diferente letra son estadísticamente diferentes (P<0.05)

La prueba de Duncan indica que la concentración de 100% del extracto de matico presenta el mayor promedio del halo de inhibición con 6.86 mm, estadísticamente superior al resto de concentraciones (P<0.05), la concentración de 75% de extracto presenta un promedio de halo de inhibición de 4.40 mm y la concentración de 50% un promedio del halo de 2.03 mm, siendo ambos estadísticamente diferentes entre si (P<0.05).

**FIGURA 3**: EFECTO  OBTENIDO DE LA APLICACIÓN DEL ACEITE ESENCIAL DE *Piper aduncum* MATICO DE LAS REGIONES YUNGA FLUVIAL (SANDIA) Y  YUNGA MARITIMA (QUILLABAMBA) SOBRE *Cándida albicans*

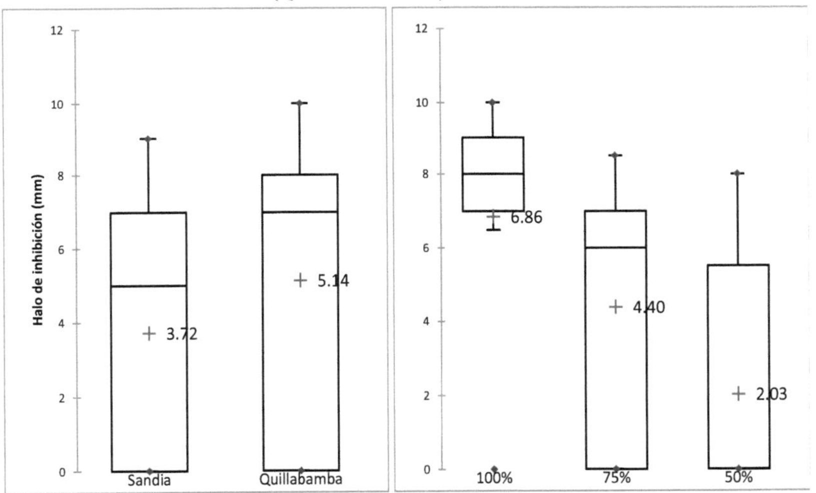


**TABLA 4**: EFECTO ANTIFUNGICO OBTENIDO A PARTIR DE LA APLICACIÓN DEL EXTRACTO PURO DE *Allium sativum*  AJO DE LA REGION SUNI (PUNO) SEGÚN EL TAMAÑO DEL HALO INHIBITORIO SOBRE *Cándida albicans*

| CONCEN TRACION | CONCENTRACION 100% | | | CONCENTRACION 75% | | | CONCENTRACION 50% | | |
|---|---|---|---|---|---|---|---|---|---|
| TIEMPO | 48H | 72H | 96H | 48h | 72h | 96h | 48h | 72h | 96h |
| D. MÍNIMO (mm) | 20 | 16.5 | 12 | 10 | 9 | 7 | 6 | 6 | 0 |
| D. MÁXIMO (mm) | 26 | 23.5 | 19.5 | 15 | 13 | 12 | 11 | 9 | 0 |
| PROMEDIO | 22.53 | 19.23 | 15.48 | 12.85 | 10.75 | 9.78 | 9.03 | 7.93 | 0.00 |
| D.E | 2.02 | 2.10 | 2.28 | 1.57 | 1.29 | 1.32 | 1.57 | 0.89 | 0.00 |

Al comparar el diámetro del halo de inhibición obtenido de la aplicación del extracto puro de ajo de la región Suni (Puno) sobre *Candida albicans,* observamos que la concentración del extracto puro al 100% obtuvo mayor halo inhibitorio (22.53 mm) con una desviación estándar de 2.02 a comparación de las concentraciones de 75% (12.85 mm) y 50%(9.03 mm); sin embargo se observa que las tres concentraciones obtuvieron el mayor halo inhibitorio a las 48 horas.

**TABLA 4.1**: ANALISIS DE VARIANZA DEL EFECTO ANTIFUNGICO OBTENIDO A PARTIR DE LA APLICACIÓN DEL EXTRACTO PURO DE *Allium sativum* AJO DE LA REGION SUNI  (PUNO) SOBRE *Cándida albicans*

| F.V. | G.L | S.C | C.M | Fc | Pr > F |
|---|---|---|---|---|---|
| **CONCENTRACIONES** | 2 | 24.58389551 | 12.29194776 | 303.09 | <.0001** |
| **TIEMPOS** | 2 | 8.44186503 | 4.22093251 | 104.08 | <.0001** |
| **ERROR** | 175 | 7.09709192 | 0.04055481 | | |
| **TOTAL** | 179 | 40.12285246 | | | |

** Diferencia altamente significativa (P<0.01)

El análisis de varianza de los diámetros del halo de inhibición, indica la existencia de diferencias estadísticas altamente significativas (P<0.01) para las concentraciones del ajo *Allium sativum* recolectado de la región Suni (Puno), así como para los tiempos de medición, por lo cual se determina que el efecto de ambos factores en estudio presentan una respuesta diferente respecto a la acción anti fúngica mostrada. Se prosiguió con la prueba de rango múltiple de Duncan para las comparaciones específicas.

| GRUPOS DE DUNCAN | PROMEDIO | N | CONCENTRACIÓN (%) |
|---|---|---|---|
| A | 19.07 | 60 | 100 |
| B | 11.72 | 60 | 75 |
| C | 5.65 | 60 | 50 |

Promedios con diferente letra son estadísticamente diferentes (P<0.05)

La prueba de Duncan indica que la concentración de 100% del extracto de ajo de Puno presenta el mayor promedio del halo de inhibición con 19.07 mm, estadísticamente superior al resto de concentraciones (P<0.05), la concentración de 75% de extracto presenta un promedio de halo de inhibición de 11.72 mm y la concentración de 50% un promedio del halo de 5.65 mm, siendo ambos estadísticamente diferentes entre si (P<0.05).



| GRUPOS DE DUNCAN | PROMEDIO | N | TIEMPO (HORAS) |
|---|---|---|---|
| A | 14.80 | 60 | 48 |
| B | 12.63 | 60 | 72 |
| C | 8.42 | 60 | 96 |

Promedios con diferente letra son estadísticamente diferentes (P<0.05)

La prueba de Duncan para los tiempos de medición, señala que la medición realizada a las 48 horas presenta el mayor promedio del diámetro del halo con 14.80 mm estadísticamente superior al resto (P<0.05), la medición realizada a las 72 horas presenta un promedio del halo de 12.63 mm, mientras que la medición de 96 horas presenta el menor promedio con 8.42 mm, existiendo diferencia estadística entre ambos (P<0.05).

**FIGURA 4**: EFECTO ANTIFUNGICO OBTENIDO A PARTIR DE LA APLICACIÓN DEL EXTRACTO PURO DE *Allium sativum* AJO DE LA REGION SUNI (PUNO) SEGÚN EL TAMAÑO DEL HALO INHIBITORIO SOBRE *Cándida albicans*

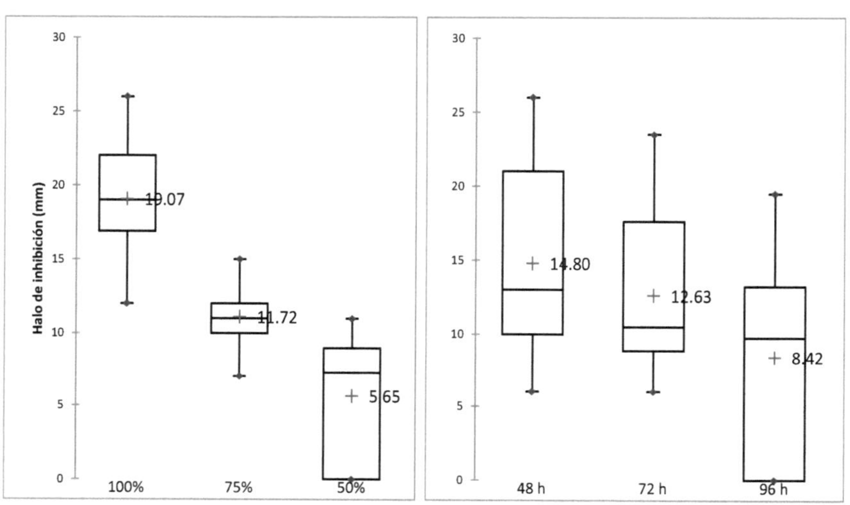


**TABLA 5**: EFECTO ANTIFUNGICO OBTENIDO A PARTIR DE LA APLICACIÓN DEL EXTRACTO PURO DE *Allium sativum* AJO DE LA REGION QUECHUA (AREQUIPA) SEGÚN EL TAMAÑO DEL HALO INHIBITORIO SOBRE *Cándida albicans*

| CONCENTRACION | CONCENTRACION 100% | | | CONCENTRACION 75% | | | CONCENTRACION 50% | | |
|---|---|---|---|---|---|---|---|---|---|
| TIEMPO | 48H | 72H | 96H | 48h | 72h | 96h | 48h | 72h | 96h |
| D. MÍNIMO (mm) | 39 | 29 | 20 | 31.5 | 26 | 17 | 21 | 18 | 12 |
| D. MÁXIMO (mm) | 43 | 37 | 33 | 38 | 35 | 29.5 | 29 | 27 | 26 |
| PROMEDIO | 40.35 | 34.20 | 29.08 | 35.28 | 30.11 | 24.13 | 25.85 | 23.83 | 19.65 |
| D.E | 1.31 | 2.10 | 3.32 | 1.52 | 2.73 | 3.75 | 1.89 | 2.60 | 2.80 |

Al comparar el diámetro del halo de inhibición obtenido de la aplicación del extracto puro de ajo de la región Quechua (Arequipa) sobre *Candida albicans,* observamos que la concentración del extracto puro al 100% obtuvo mayor halo inhibitorio (40.35 mm) con una desviación estándar de 1.31 a comparación de las concentraciones de 75% (35.28 mm) y 50% (25.85 mm); sin embargo se observa que las tres concentraciones obtuvieron el mayor halo inhibitorio a las 48 horas.

**TABLA 5.1**: ANALISIS DE VARIANZA DEL EFECTO ANTIFUNGICO OBTENIDO A PARTIR DE LA APLICACIÓN DEL EXTRACTO PURO DE *Allium sativum* AJO DE LA REGION QUECHUA (AREQUIPA) SOBRE *Cándida albicans*

| F.V. | G.L | S.C | C.M | Fc | Pr > F |
|---|---|---|---|---|---|
| **CONCENTRACIONES** | 2 | 3964.344444 | 1982.172222 | 266.39 | <.0001** |
| **TIEMPOS** | 2 | 2736.086111 | 1368.043056 | 183.36 | <.0001** |
| **ERROR** | 175 | 1302.151389 | 7.440865 | | |
| **TOTAL** | 179 | 8002.581944 | | | |

** Diferencia altamente significativa (P<0.01)

El análisis de varianza de los diámetros del halo de inhibición, indica la existencia de diferencias estadísticas altamente significativas (P<0.01) para las concentraciones del ajo *Allium sativum* recolectado en Arequipa, así como para los tiempos de medición, por lo cual se determina que el efecto de ambos factores en estudio presentan una respuesta diferente respecto a la acción antifúngica mostrada. Se prosiguió con la prueba de rango múltiple de Duncan para las comparaciones específicas.

**TABLA 5.2:** PRUEBA DE DUNCAN DEL EFECTO ANTIFUNGICO OBTENIDO A PARTIR DE LA APLICACIÓN DEL EXTRACTO PURO DE *Allium sativum* AJO DE LA REGION QUECHUA (AREQUIPA) SOBRE *Cándida albicans* SEGÚN CONCENTRACION UTILIZADA

| GRUPOS DE DUNCAN | PROMEDIO | N | CONCENTRACIÓN (%) |
|---|---|---|---|
| A | 34.54 | 60 | 100 |
| B | 29.86 | 60 | 75 |
| C | 23.11 | 60 | 50 |

Promedios con diferente letra son estadísticamente diferentes (P<0.05)

La prueba de Duncan indica que la concentración de 100% del extracto de ajo de Arequipa presenta el mayor promedio del halo de inhibición con 34.54 mm, estadísticamente superior al resto de concentraciones (P<0.05), la concentración de 75% de extracto presenta un promedio de halo de inhibición de 29.86 mm y la concentración de 50% un promedio del halo de 23.11 mm, siendo ambos estadísticamente diferentes entre si (P<0.05).

**TABLA 5.3:** PRUEBA DE DUNCAN DEL EFECTO ANTIFUNGICO OBTENIDO A PARTIR DE LA APLICACIÓN DEL EXTRACTO PURO DE *Allium sativum* AJO DE LA REGION QUECHUA (AREQUIPA) SOBRE *Cándida albicans* SEGÚN TIEMPO OBSERVADO

| GRUPOS DE DUNCAN | PROMEDIO | N | TIEMPO (HORAS) |
|---|---|---|---|
| A | 33.82 | 60 | 48 |
| B | 29.40 | 60 | 72 |
| C | 24.28 | 60 | 96 |

Promedios con diferente letra son estadísticamente diferentes (P<0.05)

La prueba de Duncan para los tiempos de medición, señala que la medición realizada a las 48 horas presenta el mayor promedio del diámetro del halo con 33.82 mm estadísticamente superior al resto (P<0.05), la medición realizada a las 72 horas presenta un promedio del halo de 29.40 mm, mientras que la medición de 96 horas presenta el menor promedio con 23.28 mm, existiendo diferencia estadística entre ambos (P<0.05).

**FIGURA 5**: EFECTO ANTIFUNGICO OBTENIDO A PARTIR DE LA APLICACIÓN DEL EXTRACTO PURO DE *Allium sativum* AJO DE LA REGION QUECHUA (AREQUIPA) SEGÚN EL TAMAÑO DEL HALO INHIBITORIO SOBRE *Cándida albicans*

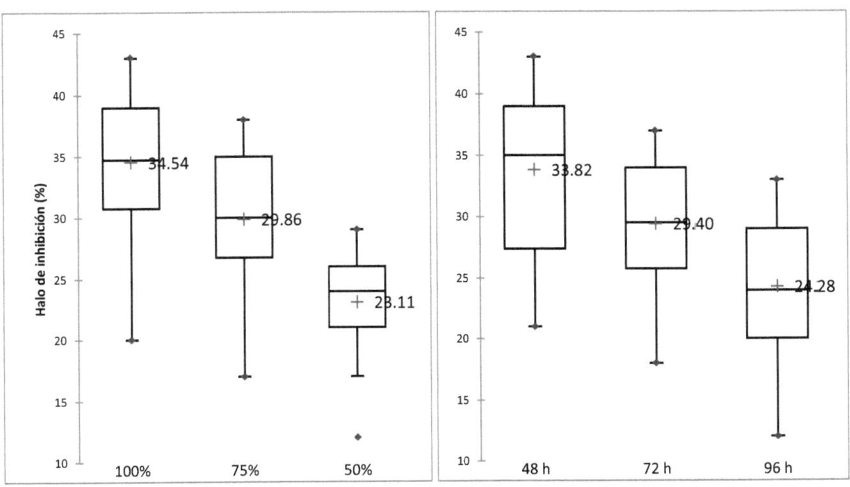

**TABLA 6**: EFECTO ANTIFUNGICO OBTENIDO DE LA APLICACION DEL EXTRACTO PURO DE *Allium sativum* AJO DE LAS REGIONES SUNI (PUNO) Y QUECHUA (AREQUIPA) SOBRE *Cándida albicans*

| LUGAR | PUNO | | | AREQUIPA | | |
|---|---|---|---|---|---|---|
| CONCENTRACION | 100% | 75% | 50% | 100% | 75% | 50% |
| D. MÍNIMO (mm) | 12 | 7 | 0 | 20 | 17 | 12 |
| D. MÁXIMO (mm) | 26 | 15 | 11 | 43 | 38 | 29 |
| PROMEDIO | 19.07 | 11.12 | 5.65 | 34.54 | 29.86 | 23.11 |
| D.E | 3.58 | 1.89 | 4.18 | 5.21 | 5.36 | 3.55 |

Al comparar el diámetro del halo de inhibición obtenido de la aplicación del extracto puro de ajo de la región Suni (Puno) y de la región Quechua (Arequipa) sobre *Cándida albicans*, observamos que la concentración del extracto puro del ajo de Arequipa al 100%

obtuvo mayor halo inhibitorio (34.54 mm) con una desviación estándar de 5.21 a
comparación del ajo de Puno con un halo inhibitorio (19.07 mm) con una desviación
estándar de 3.58.

**TABLA 6.1**: ANALISIS DE VARIANZA DEL EFECTO ANTIFUNGICO OBTENIDO A
PARTIR DE LA APLICACIÓN DEL EXTRACTO PURO DE *Allium sativum* AJO DE LAS
REGIONES SUNI (PUNO) Y QUECHUA (AREQUIPA) SOBRE *Cándida albicans*

| F.V. | G.L | S.C | C.M | Fc | Pr > F |
|------|-----|-----|-----|-----|--------|
| LUGARES | 1 | 54.00502108 | 54.00502108 | 799.32 | <.0001 ** |
| CONCENTRACIONES | 2 | 23.38702513 | 11.69351256 | 173.07 | <.0001 ** |
| ERROR | 356 | 24.0526462 | 0.0675636 | | |
| TOTAL | 359 | 101.4446925 | | | |

** Diferencia altamente significativa (P<0.01)

El análisis de varianza de los diámetros del halo de inhibición, indica la existencia de
diferencias estadísticas altamente significativas (P<0.01) para los lugares de origen del
ajo (*Allium sativum*), así como para las concentraciones del extracto, por lo cual se
determina que el efecto de ambos factores en estudio presentan una respuesta diferente
respecto a la acción anti fúngica mostrada. Se prosiguió con la prueba de rango múltiple
de Duncan para las comparaciones específicas.

**TABLA 6.2:** PRUEBA DE DUNCAN DEL EFECTO ANTIFUNGICO OBTENIDO A
PARTIR DE LA APLICACIÓN DEL *Allium sativum* AJO DE DE LAS REGIONES SUNI
(PUNO) Y QUECHUA (AREQUIPA) SOBRE *Cándida albicans* SEGÚN LUGAR DE
ORIGEN

| GRUPOS DE DUNCAN | PROMEDIO | N | LUGAR |
|------------------|----------|-----|----------|
| A | 29.17 | 180 | Arequipa |
| B | 11.95 | 180 | Puno |

Promedios con diferente letra son estadísticamente diferentes (P<0.05)

La prueba de Duncan muestra la existencia de diferencia estadística significativa (P<0.05)
para el halo de inhibición obtenido a partir de las plantas de ajo procedentes de Arequipa

con promedio de 29.17 mm, para las plantas procedentes de Puno el promedio fue menor de 11.95 mm de diámetro de halo de inhibición.

**TABLA 6.3**: PRUEBA DE DUNCAN DEL EFECTO ANTIFUNGICO CBTENIDO A PARTIR DE LA APLICACIÓN DEL *Allium sativum* AJO DE LAS REGIONES SUNI (PUNO) Y QUECHUA (AREQUIPA) SOBRE *Cándida albicans* SEGÚN CONCENTRACION

| GRUPOS DE DUNCAN | PROMEDIO | N | CONCENTRACIÓN (%) |
|---|---|---|---|
| A | 26.80 | 120 | 100 |
| B | 20.49 | 120 | 75 |
| C | 14.38 | 120 | 50 |

Promedios con diferente letra son estadísticamente diferentes (P<0.05)

La prueba de Duncan indica que la concentración de 100% del extracto de ajo presenta el mayor promedio del halo de inhibición con 26.80 mm, estadísticamente superior al resto de concentraciones (P<0.05), la concentración de 75% de extracto presenta un promedio de halo de inhibición de 20.49 mm y la concentración de 50% un promedio del halo de 14.38 mm, siendo ambos estadísticamente diferentes entre sí (P<0.05).

**TABLA 6**: EFECTO ANTIFUNGICO OBTENIDO DE LA APLICACION DEL EXTRACTO PURO DE *Allium sativum* AJO DE LAS REGIONES SUNI (PUNO) Y QUECHUA (AREQUIPA) SOBRE *Cándida albicans*

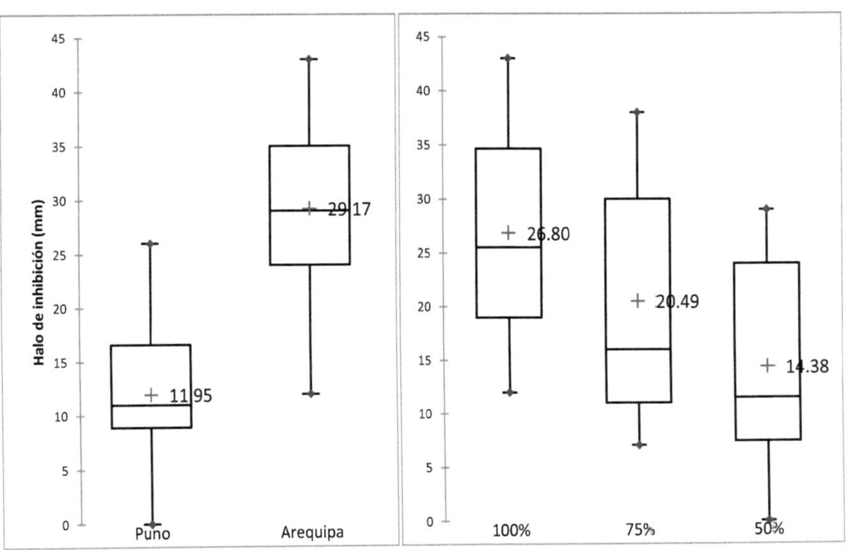

**TABLA 7**: EFECTO ANTIFUNGICO  OBTENIDO  A PARTIR DE LA APLICACION DEL ACEITE ESENCIAL DE  *Piper aduncum* MATICO DE LAS REGIONES YUNGA MARITIMA (QUILLABAMBA) Y EL EXTRACTO PURO DE  *Allium sativum*  DE LA REGION QUECHUA SOBRE *Cándida albicans* SEGÚN TIEMPO Y CONCENTRACION

| PLANTA | MATICO | | | | | | | | | | | | |
|---|---|---|---|---|---|---|---|---|---|---|---|---|---|
| CONCENTRACION | 100% | | | 75% | | | 50% | | | 100% | | | |
| TIEMPO | 48H | 72H | 96H | 48H | 72H | 96H | 48H | 72H | 96H | 48H | 72H | 96H | 48H |
| D. MÍNIMO (mm) | 7.5 | 6.5 | 0 | 6 | 5 | 0 | 5 | 0 | 0 | 20 | 16.5 | 12 | 10 |
| D. MÁXIMO (mm) | 10 | 10 | 10 | 8.5 | 8 | 0 | 8 | 0 | 0 | 43 | 37 | 33 | 38 |
| PROMEDIO | 8.62 | 7.82 | 4.13 | 7.08 | 6.11 | 0 | 6.10 | 0 | 0 | 31.43 | 26.71 | 22.27 | 24.06 |
| D.E | 0.71 | 0.84 | 4.23 | 0.69 | 0.87 | 0 | 0.68 | 0 | 0 | 9.18 | 7.86 | 7.44 | 11.46 |

En la comparación del efecto antifungico del *Piper aduncum* (matico) de la región Yunga Maritima y *Allium sativum* (ajo) de la región Quechua sobre *cándida albicans,* para las plantas de matico en la concentración de 100% se obtuvo un promedio de 8.58 mm a las 48 horas de medición, a las 72 horas de 7.78 mm, a las 96 horas el halo fue de 3.40mm; para la concentración de 75% a las 48 horas el halo fue de  7.04 mm, a las 72 horas de 6.08 mm y a las 96 horas no presento halo;  para la concentración de 50% el halo fue de 6.17 mm a las 48 horas y para el resto de horas no se observó formación de halo.  Para el ajo en la concentración de 100% se observó un halo de 31.28 mm a las 48 horas, a las 72 horas fue de 26.23 mm y a las 96 horas de 21.57 mm; para la concentración de 75% de extracto el halo fue de 23.73 mm a las 48 horas, a las 72 horas fue de 19.83 mm y a las 96 horas de 16.31 mm; en la concentración de 50% de extracto el halo fue de 17.28 mm a las 48 horas, a las 72 horas fue 15.80 mm y a las 96 horas fue de 9.67 mm de diámetro de halo.

**TABLA 7.1:** ANALISIS DE VARIANZA DEL EFECTO ANTIFUNGICO  OBTENIDO DE LA APLICACION DEL ACEITE ESENCIAL DE  *Piper aduncum* MATICO DE LAS REGIONES YUNGA MARITIMA (QUILLABAMBA) Y EL EXTRACTO FURO DE  *Allium sativum*  DE LA REGION QUECHUA SOBRE *Cándida albicans* SEGÚN TIEMPO Y CONCENTRACION

| F.V. | G.L | S.C | C.M | Fc | Pr > F |
|---|---|---|---|---|---|
| **PLANTA** | 1 | 169.4676254 | 169.4676254 | 1314.38 | <.0001 |
| **CONCENTRACIONES** | 2 | 40.9805587 | 20.4902794 | 158.92 | <.0001 |
| **TIEMPOS** | 2 | 38.6357626 | 19.3178813 | 149.83 | <.0001 |
| **ERROR** | 714 | 92.0588440 | 0.1289340 | | |
| **TOTAL** | 719 | 341.1427908 | | | |

** Diferencia altamente significativa (P<0.01)

El análisis de varianza del diámetro de halo de inhibición, indica la existencia de diferencia estadística (P<0.01) para los tres factores en estudio (planta, concentraciones y tiempos de medición), por lo cual se continua con la prueba de rango múltiple de Duncan.

| GRUPOS DE DUNCAN | PROMEDIO | N | PLANTA |
|---|---|---|---|
| A | 20.56 | 360 | Ajo |
| B | 4.43 | 360 | Matico |

Promedios con diferente letra son estadísticamente diferentes (P<0.05)

La prueba de Duncan muestra la existencia de diferencia estadística significativa (P<0.05) para el halo de inhibición obtenido a partir de las plantas de ajo con promedio de 20.56 mm, para las plantas de matico el promedio fue menor de 4.43 mm del diámetro de halo de inhibición.

**FIGURA 7.** EFECTO ANTIFUNGICO  OBTENIDO DE LA APLICACION DEL ACEITE ESENCIAL DE  *Piper aduncum* MATICO DE LAS REGION YUNGA MARITIMA (QUILLABAMBA) Y EL EXTRACTO PURO DE  *Allium sativum*  DE LA REGION QUECHUA SOBRE *Cándida albicans* SEGÚN TIEMPO Y CONCENTRACION

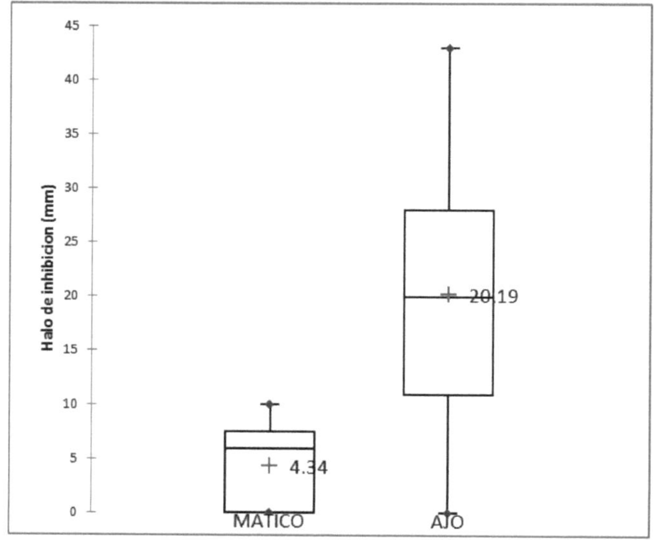

## 5.2. DISCUSIÓN

En la presente investigación de tipo experimental in vitro se buscó determinar el efecto antifungico del *Piper aduncum* (Matico) y *Allium sativum* (Ajo) al 100, 75 y 50% a 48, 72 y 96 horas frente a *Cándida albicans*.

En nuestro estudio el aceite esencial de Matico de Quillabamba enfrentado a *Cándida albicans* presento halos inhibitorios de mayor diámetro en comparación con el Matico de Sandia esto se asemeja con el estudio realizado por Ballestero quien realizó un estudio de la composición de aceite esencial de matico de dos localidades obtenido por hidrodestilacion y encontró que el de la zona de Turrialba (1000 msnm) posee mejores componentes que el de San Jose (1300msnm) por lo que podemos decir que a menor altitud el Matico posee mejores propiedades antifungicas ya que nosotros tambien encontramos mejor efecto antifungico a menor piso altitudinal (Quillabamba a 1050 msnm) lo cual no quiere decir que a mayor altitud el matico no tenga efecto antifungico pues encontramos estudios como la de Ruiz quien encontró efecto antifungico de los aceites esenciales de matico de Amazonas (2335 msnm) y Cajamarca (2750 msnm) sobre *Candida albicans* mediante difusión en agar; asi también lo demuestra Rivera quien recolecto Matico de la Provincia de Zamora Chinchipe (2000 y 500 msnm) donde se demuestra que la mejor actividad anti fúngica presentada es con la formulación al 1% a una dosis de 1000mg/ml frente a los dos hongos *Trichophyton mentagrophytes* y *Trichophyton rubrum*.

Así mismo el aceite esencial de matico también demostró ser efectivo sobre *Cándida albicans* en prótesis dentales según estudio realizado por Vázquez.

Con respecto al ajo se demostró el carácter fungicida in vitro del ajo de Puno y Arequipa, ya habiendo estudios sobre *Allium sativum* que demuestran su poder fungicida frente a *Cándida albicans*. Así lo corroboran investigaciones internacionales como la de Perez F. (Guatemala) y nacionales como Lora C. (Trujillo) y Munayco E. (Lima).

Se utilizaron extractos de ajo puro como sustancia inhibidora de *Cándida albicans* que se obtuvo mediante trituración manual, este tipo de obtención fue elegido ya que nuestro propósito era obtener un medio en el que se preserve el principio activo que es la alicina; comprobándose en la prueba piloto que presentaba mejores propiedades in vitro frente al extracto hidroalcohólico. Pérez demostró también en su estudio que el extracto acuoso de ajo tuvo un mejor efecto inhibitorio sobre el crecimiento de *Cándida albicans* in vitro que el obtenido con polvo, aceite y clotrimazol. Munayco E. a diferencia de los otros utilizó extracto hidroalcoholico de ajo;extracto obtenido por el proceso de maceración; demostrando también el poder antifúngico de *Alliumsativum* y que la concentración antimicrobiana frente a *Candida albicans,* fue de 120mg/ml.; en contraste Mamani E., quien aplicó ajo liofilizado sobre *Candida albicans sp"*, tomando en cuenta la cantidad de alicina (principio activo) por cada gramo de ajo era de 9 mg, determinando así la concentración optima CO que  fue de 200 mg/ml y un halo promedio de 31.3 mm, resultado inferior que el obtenido con nuestro estudio.

El extracto puro de ajo se aplicó  en diferentes concentraciones (50, 75 y 100%), mostrando asi que aun siendo aplicadas en distintas concentraciones, el *Allium sativum* siempre presenta un efecto antifungico sobre *Cándida albicans;* corroborando con esta afirmación Pérez F. que  uso 1mg/ml; concentración que demostró actividad antifúngica aun cuando se aplican en dosis pequeñas. Y que el ajo extraído desde distintos países del mundo y del Perú a diferentes altitudes sobre el nivel del mar presenta también un efecto antifúngico. Así lo demuestran, Pérez que utilizo ajo de Guatemala que se encuentra a una altitud de 1500 m.s.n.m., Lora C. y col  de la ciudad de Trujillo que se encuentra a 34 msnm, Munayco de la ciudad de Lima a 164 msnm y Mamani E. que uso ajo de variedad Napuri.

Finalmente con los resultados de la presente investigación podemos decir que ambos maticos y ajos utilizados en dicho estudio y extraídos desde distintos pisos altitudinales del Perú, no presentaron igual efecto de inhibición frente a *C. albicans*. Por lo que atribuimos estos resultados a la temperatura, tipo de suelo, la altitud sobre el nivel del mar y muchas otras condiciones climáticas que alteraron el principio activo de estas plantas.

## 5.3. CONCLUSIONES

### PRIMERO

El efecto antifungico del Piper aduncum (matico) recolectado de la región Yunga (Sandia) presento mayor efecto antifungico a las 48h a concentraciones de 100%, 75% y 50%, seguido por las 72h a concentraciones de 100% y 75%.

### SEGUNDO

El efecto antifungico del Piper aduncum (matico) recolectado de la región Yunga Fluvial (Quillabamba) presento mayor efecto antifungico a las 48h a concentraciones de 100%, 75% y 50%, seguido por las 72h a concentraciones de 100% y 75% y a las 96h solo la concentración de 100%

### TERCERO

En la comparación de ambos maticos se coincide que presentan mejor efecto antifugico a las 48h a concentraciones de 100%, 75% y 50%, seguido por las 72h a concentraciones de 100% y 75% y solo el Piper aduncum de la región Quechua presenta efecto antifungico a las 96h sin embargo su principio activo para ambos va disminuyendo en el tiempo

### CUARTO

El ajo de Puno presento un diámetro mayor de halo de inhibición a las 48h. a una concentración del 100% demostrándose así su efecto antifúngico frente a las concentraciones de 75 y 50% y en las 72 y 96 horas.

### QUINTO

El ajo de Arequipa presento un diámetro mayor de halo de inhibición a las 48h. a una concentración del 100% demostrándose así su efecto antifúngico frente a las concentraciones de 75 y 50% y en las 72 y 96 horas.

### SEXTO

El ajo de Arequipa demostró tener un mayor efecto antifúngico frente al ajo de Puno, mostrando un mayor tamaño de halo inhibitorio en las diferentes concentraciones y tiempos. Tanto el ajo de Puno como el de Arequipa en distintas concentraciones y diferentes tiempos mostraron poder inhibitorio demostrándose así su efecto antifúngico contra *C. albicans.*

SETIMO 72

El mejor efecto antifungico del halo inhibidor de los tratamientos (ajo de Arequipa y Puno; matico de Sandia y Quillabamba  se da a las 48 horas y a una concentración del 100%, sin embargo sus capacidades inhibidoras va disminuyendo en el tiempo.

BIBLIOGRAFIA

1. Salazar M. y Macsaquispe S. presencia de hifas de *Cándida* en adultos con mucosa oral clínicamente saludable. Revista estomatológica herediana. 2005; 44(1): 23-26.

2. Tello Y. Acción Antimicrobiana del Anarcadium Occidentales sobre Cándida albicans y Staphyloccus áureos. Estudio in vitro. [Tesis para optar el Grado de Cirujano Dentista]. Lima: Universidad Nacional Mayor de San Marcos; 2011.

3. Mattar M. A. y Cols. Actividad antifúngica de extractos de plantas usadas en medicina popular en Argentina. Revista Perú Biológica. 2007; 14(2): 247 – 251.

4. Braga F. Y Cols. Antileishmanial and antifungal activity cf plants used in traditional medicine in Brazil. J Ethnopharmacol. 2007; 111(2):396–402

5. Rivera G. elaboración de un fitopreparado antifungico semisólido a partir del extracto de fluido de la especie piper ecuadorense (matico). [Tesis para optar el Grado de Doctor en Bioquímico Farmacéutico]. Ecuador: Universidad Técnica Particular de Loja; 2010

6. Ballestero C. y Cols. Constituyentes volátiles de las hojas y espigas de *Piper aduncum* (Piperaceae) de Costa Rica. Rev. Biol. Trop. 1997, 45(2): 783-79.

7. Pérez F. efecto inhibitorio de un extracto acuoso de ajo sobre el crecimiento in vitro de *Candida albicans*. [Tesis para optar el Grado de Bachiller]. Guatemala: Universidad Francisco Marroquín. 2002

8. Ruiz J. Actividad antifungica in vitro y concentración minima inhibitoria mediante microdilucion de ocho plantas medicnales. [Tesis para optar el Grado Academico de Magister en Microbiologia]. Lima: Universidad Nacional Mayor de San Marcos; 2013.

9. Vasquez S. Efecto Fungicida del Aceite Esencial de *Piper angostifolium* en el tratamiento de candidiasis bucal subprotésica. [Tesis de Licenciatura en Odontologia]. Lima: Universidad de San Martin de Porres; 2003.

10. Lora C. y Cols. Efecto in vitro de diferentes concentraciones de *Allium sativum* "ajo" frente a dermatofitos y *Cándida albicans*. Revista de salud. 2010; 2(2): 23 – 33.

11. Munayco Pantoja E. efecto antimicrobiano del extracto hidroalcoholico de *Allium sativum* sobre cepas estándares de la cavidad bucal. [Tesis para optar el Grado de Cirujano Dentista]. Lima: Universidad nacional Mayor de San Marcos; 2011

12. Mamani E. Efecto in vitro del ajo (Allium sativum L.) liiofilizado, sobre *Cándida albicans sp* Juliaca 2009. Revista Estomatológica del Altiplano. 2010. Vol. 01: 41-54

13. Ugalde C. prevalencia de cándida en la cavidad oral en pacientes diabéticos tipo 2. [Tesis para optar el grado de Doctor]. Granada: Universidad de Granada; 2008.

14. Calixto M. Plantas medicinales utilizadas en odontología. Rev. Kiru. 2006. 3(2).

15. Negroni M. Microbiología Estomatológica Fundamentos y Guía práctica. Segunda Edición. Buenos Aires. Editorial Panamericana. 2010.

16. Olea D. presencia de candida albicans y su relación con los valores de $CD4^+$ en pacintes con infección por VIH [Tesis para optar el Grado de Doctor]. Granada: Universidad de Granada; 1995.

17. Maravi G. Efecto Antibacteriano y Antifúngico del Aceite Esencial de: *Menta piperita* (Menta), *Origanum vulgare* (Orégano) Y *Cymbopogon citratus* (Hierba Luisa) Sobre *Streptococcus mutans, Lactobacillus acidophilus Y Cándida albicans*. [Tesis para optar el Titulo de Cirujano Dentista]. Lima: Universidad Privada Norbert Wiener; 2012.

18. Montesdeoca. Elaboración y control de calidad de comprimidos fitofarmacéuticos de ajenjo (*Arthemisia absinthium L.*), Romero (*Rosmarinus*

*officinalis  L.*)y Manzanilla (*Matricaria chamomilla L.*) para combatir la menstruación dolorosa]. [Tesis de grado previa la obtención del título de Bioquímico Farmacéutico]. Ecuador: Escuela Superior Politécnica de Chimborazo; 2010.

19.  Baulies G. & Torres RM. Actualización en fitoterapia y plantas medicinales. FMC. 2012; 19(3):149-60.

20. WHO. The Promotion and Development of Traditional Medicine, Ed. WHO, Technical Report Series, No. 622, Ginebra. 1978.

21. Brack Egg Antonio Diccionario Enciclopédico de plantas útiles del Perú. Cuzco: CBC; 1999.

22. Lazarde L. y Pacheco A. Identificación de especies de *Cándida* en un grupo de pacientes con candidiasis atrófica crónica. Revista Acta Odontológica Venezolana. Vol. 39(1): 2001

23. Matico en el Perú. Buscador: www.google.com.pe. Disponible en: www.expreso.com.pe/noticia/2011/06/11. Matico de la selva.

24. Planta medicinal: Matico. Buscador: www.google.com.pe  Disponible en: simplemente plantas- Blogspot.com/2011/06/11.

25. Cruz A. elaboración y control de calidad del gel antimicótico de manzanilla (Matricaria chamomilla), matico (Arestiguieta glutinosa) y marco (Ambrosia arborescens) para neo – fármaco. [Tesis para optar el Grado de Doctor]. Riobamba – Ecuador: Escuela Superior Politécnica de CHimnborazo; 2010.

26. El ajo. Buscado en google.com.pe. Disponible en: www.nlm.nih.gov/medilineplus/spanish/droginfo/natural/300.htmdescription

27. Cosco D. Actividad inhibitoria del crecimiento de *Streptococccus mutans* y de flora mixta salival por acción de aceite esencial de la *Matricaria chamomilla* manzanilla. [Tesis, para optar al título de Cirujano Dentista]. Lima: Universidad Nacional Mayor de San Marcos; 2010.

28. González A. Obtención de aceites esenciales y extractos etanólicos de plantas del Amazonas. [Trabajo para optar el título de Ingeniera Química]. Colombia: Universidad Nacional de Colombia; 2004.

29. Rojas J. Solís H., Palacios O. Evaluación in vitro de la actividad anti *Trypanosoma cruzi* de aceites esenciales de diez plantas medicinales. An Fac Med. 2010; 71(3):161-165.

30. Del Pozo X. Extracción, caracterización y determinación de la actividad antibacteriana y antimicótica del aceite esencial de Hierba Luisa (*Cymbopogon Citratus (DC) stapf*) [tesis para optar el título de Ingeniero en Biotecnología]. Ecuador: Escuela Politécnica del Ejército; 2006.

31. El ajo. Buscado en google.com.pe. Disponible en: www.nlm.nih.gov/medilineplus/spanish/droginfo/natural/300.htmdescription

32. Lopez M. El ajo – Propiedades Farmacológicas e indicaciones terapéuticas. Ambito farmacéutico – Fitoterapia. 2007; vol 26(1):81

33. Bruneton, J. (2001). Farmacognosia. Fitoquímica. Plantas Medicinales. 2ª Ed. Zaragoza: Acribia S.

34. Arteche A. y Cols. Fitoterapia. Vademecum de prescripcion. Plantas medicinales. (Tercera edición). Barcelona: Masson; 1998.

35. Sánchez Aguilar M. efecto inhibitorio de Allium cepa y Allium sativum sobre cepas de Escherichia coli y Salmonella enteriditis [Tesis para optar el Título de Médico Veterinario Zootecnista]. Veracruz: Universidad Veracruzana; 2013.

36. Catálogo de Plantas Medicinales. Madrid: Consejo General de COF; 2002.

37. Evans WC. Farmacognosia. Madrid: Interamericana-McGraw-Hill; 1986. p. 519-40

38. Instituto Geográfico Nacional. 1989. Atlas del Perú. Lima.

39. Mejía M. Ed. 1987. Gran Geografía del Perú. T. II. Barcelona.

40. Pulgar J. 1967. Geografía del Perú: Las ocho regiones naturales. Editorial Ausonia. Lima.

41. Arango. Andean Adventure. Departamento de Arequipa. Disponible en: http://departamento-de-arequipa.blogspot.com/2009/06/departamento-de-arequipa-ubicacion.html

42. Muyulema M. evaluación de la actividad antimicrobiana de tres tipos de dentífricos sobre aislamientos orales de *Cándida spp*. [Tesis para optar el Grado de Bioquímico Farmacéutico]. Ecuador: Escuela Superior Politécnica de Chimborazo; 2011.

43. Friedentall M. Diccionario de Odontología. (Segunda Edición). Buenos Aires: Editorial Medica Panamericana; (1996).

44. Irizarry J. Introducción al Control de Plagas. Laboratorio TECP.2010. Vol(1): 4-14

45. *Diccionario enciclopédico de plantas útiles del* **Perú. FITOTERAPIA**

46. Sarita v. Análisis de la situación tecnológica del cultivo de ajo *(Allium sativum )* en la republica dominicana. Industria Pecuaria (revista) año p 1, n 3. p 7 – 20 1989.

# I want morebooks!

Buy your books fast and straightforward online - at cne of world's fastest growing online book stores! Environmentally sound due to Print-on-Demand technologies.

Buy your books online at
**www.morebooks.shop**

¡Compre sus libros rápido y directo en internet, en una de las librerías en línea con mayor crecimiento en el mundo! Producción que protege el medio ambiente a través de las tecnologías de impresión bajo demanda.

Compre sus libros online en
**www.morebooks.shop**

Printed by Books on Demand GmbH, Norderstedt / Germany